果树高效栽培探索

李 勇 师 祥 李俊强 ◎ 著

吉林科学技术出版社

图书在版编目（CIP）数据

果树高效栽培探索 / 李勇 , 师祥 , 李俊强著 .
长春 : 吉林科学技术出版社 , 2024. 8. -- ISBN 978-7
-5744-1816-5

Ⅰ . S66

中国国家版本馆 CIP 数据核字第 20242LD629 号

果树高效栽培探索

著	李 勇 师 祥 李俊强
出 版 人	宛 霞
责任编辑	穆 楠
封面设计	金熙腾达
制 版	金熙腾达
幅面尺寸	170mm×240mm
开 本	16
字 数	229 千字
印 张	14.5
印 数	1~1500 册
版 次	2024年8月第1版
印 次	2024年12月第1次印刷

出 版	吉林科学技术出版社
发 行	吉林科学技术出版社
地 址	长春市福祉大路5788号出版大厦A座
邮 编	130118
发行部电话/传真	0431-81629529 81629530 81629531
	81629532 81629533 81629534
储运部电话	0431-86059116
编辑部电话	0431-81629510
印 刷	三河市嵩川印刷有限公司

书 号	ISBN 978-7-5744-1816-5
定 价	89.00元

前　言

　　果树高效栽培作为现代农业发展的重要组成部分，在保障食品供应安全、促进农村经济发展、改善生态环境和提升居民生活质量方面发挥着至关重要的作用。随着全球人口的持续增长和生活水平的不断提高，人们对多样化、高品质水果的需求日益增加，这为果树种植业带来了前所未有的发展机遇。同时，面对气候变化、土地资源紧张、水资源短缺和生态环境保护等挑战，传统果树栽培模式亟须转型升级，以实现可持续发展。在这一背景下，高效栽培技术的研究与应用成为推动果树产业现代化的关键。这不仅涉及良种选育、土壤管理、病虫害防治、精准灌溉等环节，还包括农业机械化、智能化管理系统的引入，以及市场导向的经营策略。高效栽培模式旨在通过科技创新和科学管理，提高果园产出率，降低生产成本，提升果品质量和市场竞争力，同时注重生态环境保护和农业可持续发展。

　　本书是农业方向的书籍，主要研究果树高效栽培。本书首先从果树栽培概述介绍入手，对果树栽培基础、果树生长发育特点与生长周期进行了分析研究；其次对常见的果树育苗做了一定的介绍；最后对套袋栽培技术、果树施肥技术及不同种类的果树高效栽培技术提出了一些建议。旨在摸索出一条适合现代果树高效栽培工作创新的科学道路，帮助其工作者在应用中少走弯路，运用科学方法，提高效率。这对果树高效栽培的应用创新有一定的借鉴意义。

　　本书论述严谨，结构合理，条理清晰，内容丰富新颖，具有前瞻性，其不仅能够为果树栽培提供高效的栽培技术，同时能为当前的果树栽培工作者及感兴趣的人们提供借鉴参考。

目　录

第一章 果树栽培概述

第一节 果树栽培基础

一、果树栽培的相关概念

（一）果树与果树生产的概念

1.果树的概念

果树是指那些通过人工栽培或自然生长，能够产生可食用果实的木本植物。这类植物在人类历史上扮演着重要角色，不仅为人们提供营养和食物来源，还与许多地区的文化和经济发展紧密相连。果树的种类繁多，根据其果实的形态和生长习性，通常可分为核果类、仁果类、浆果类、柑橘类和热带水果类等。这些果树遍布全球各地，从温带到热带地区都有它们的身影。

果树的栽培意义重大，它不仅能够提供丰富的食物资源，还有助于生态保护和环境美化。果树种植有助于提高农业多样性，增强农业系统的可持续性。此外，果树产业在全球经济中占有重要地位，为许多国家和地区的农民提供了收入来源。

果树栽培技术随着时间的推移而不断进步，现代果树栽培技术涵盖了品种选育、土壤管理、水分管理、修剪整形、花果管理和病虫害防治等多个方面。科技的应用使得果树栽培更加科学化、精准化，提高了生产效率和果实品质。

全球果树产业正处于快速发展之中，消费者对健康、营养和多样化食品的需求推动了果树产业的发展。国际贸易的扩大为各国果树产品进入更广阔的市场提供了机会。然而，果树产业也面临着气候变化、资源限制、市场波动等不利因素的挑战。

果树与人类文化的关系源远流长，在不同文化中承载着丰富的社会和文化意义。果树的种植和果实的享用，不仅是农业生产活动，也是人类文化传承和社会交往的一部分。

果树作为农业的重要组成部分，在全球范围内具有广泛的种植和应用。随着社会的发展和科技的进步，果树产业将继续向着高产、优质、可持续的方向发展，为人类社会提供更加丰富多样的果品资源，为农业经济的发展和生态环境的保护做出更大的贡献。

2.果树生产的概念

果树生产是指通过人工栽培和管理果树，以生产和收获果实为目的的农业生产活动。它是人类食物来源的重要组成部分，为人们提供多样化的果品，满足营养和口味需求。果树生产不仅关乎食品安全和营养健康，也是推动农业经济发展、增加农民收入的重要途径。

果树生产包括多个环节，从选种、育苗、栽培、管理到收获、贮藏和加工。这一过程需要综合考虑气候、土壤、水资源及病虫害防治等因素。优良的品种选择是果树生产的第一步，它决定了果实的品质、产量和适应性。育苗和栽培技术直接影响果树的生长与发育。管理措施包括修剪、施肥、灌溉和病虫害防治，是确保果树健康生长和提高产量的关键。

果树生产具有明显的季节性和地域性特点。不同种类的果树对气候条件的要求不同，因此果树种植需要根据当地的气候和土壤条件选择合适的品种。此外，果树生产还受到市场需求、消费习惯和经济价值的影响。随着人们生活水平的提高和对健康食品需求的增加，果树生产正朝着多样化、优质化和品牌化的方向发展。

现代果树生产注重科技的应用，如生物技术、信息技术和农业工程等，以提高生产效率和产品质量。生物技术的应用有助于改良品种、提高抗病性和适应性。信息技术包括物联网、大数据和人工智能等，可以用于精准农业管理，优化资源利用，提高决策的科学性。农业工程则涉及果园的规划、灌溉系统的建设和农业机械化，以减轻劳动强度，提高作业效率。

果树生产的可持续发展是当前面临的重要课题。这要求人类在生产过程中注

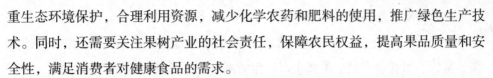

重生态环境保护，合理利用资源，减少化学农药和肥料的使用，推广绿色生产技术。同时，还需要关注果树产业的社会责任，保障农民权益，提高果品质量和安全性，满足消费者对健康食品的需求。

果树生产与国际贸易紧密相关。随着全球化的推进，各国果树产品有了更广阔的市场空间。通过国际贸易，可以优化资源配置，调节供需关系，促进果树产业的健康发展。同时，果树生产也面临着国际市场竞争和技术标准等方面的挑战。

总之，果树生产是农业领域的重要分支，它为人类提供了丰富的果品资源，对经济发展、社会进步和环境保护具有重要意义。随着科技的进步和社会的发展，果树生产将不断向着现代化、国际化和可持续发展的方向迈进，为全球消费者带来更加健康、美味、安全的果品。

（二）果树生产的作用

1.食品供应与营养贡献

果树为人类提供了丰富多样的果品，这些果品不仅色泽鲜艳、风味独特，还富含维生素、矿物质、膳食纤维和抗氧化物等营养成分，对促进人类健康和预防疾病具有重要作用。

2.果树生产在国民经济中的作用

农业是国民经济的基础，果树生产是农业的重要组成部分。随着人民生活水平的提高与国家经济结构的转变，果树生产变得日益重要，它对振兴农村经济、繁荣市场、发展外贸和提高人民生活水平都具有重要意义。

发展果树生产不仅有利于因地制宜地利用山地、丘陵、旱坡和沙荒地，也有利于保持水土与改善生态环境，使土地得到充分利用，使贫困地区的农民尽早脱贫致富。

3.果树产品的营养、医疗、保健作用

果品营养丰富，富含各种营养物质，如糖、蛋白质、脂肪、果酸、多种维生素、各种矿质元素。果品已经成为人们生活的必需品。

许多果品中的活性物质可预防与治疗疾病，具有开胃、助消化、润肺止咳等功效，常食能促进人体健康，益寿延年。

4.果品加工及果树生产副产物

果品除可鲜食外，还可进行加工，制成水果罐头、果酒、果干、果酱、果脯、蜜饯、果汁等产品。果树生产产生的副产物还可作为其他工业的原料：柠檬皮可提取香精，核桃壳可制取活性炭，这些产品都是轻工业原料；一些果树还可用于木材加工，综合利用，可增加收益。

5.果树的环境生态效益

果树还是城市、乡村绿化美化环境的好树种，能起到改善生态环境、促进人类身心健康的作用（如观光旅游果园）。

6.促进就业与农村发展

果树产业的发展带动了相关产业链的就业机会，包括种植、收获、包装、运输、加工和销售等环节，为农村地区提供了大量就业岗位，有助于推动农村经济发展和社会稳定。

7.科技创新与技术进步

果树生产的发展促进了农业科技的研究与应用，包括遗传育种、病虫害防治、土壤管理、节水灌溉和采后处理等技术，这些技术的进步又反过来提高了果树生产的效率和质量。

8.文化传承与社会价值

果树及其果实在许多文化中具有特殊的象征意义和社会价值，它们与传统节日、民俗活动和宗教仪式紧密相连，是文化传承和社会交流的重要媒介。

9.国际贸易与市场多元化

果树产品的国际贸易促进了全球市场的多元化，使得不同国家和地区的特色水果能够进入更广阔的市场，满足消费者的多样化需求，同时也加强了国际的经济合作与文化交流。

10.推动地方特色产业发展

果树生产有助于推动地方特色产业的发展，许多地区因其独特的气候和土壤条件，适宜特定果树的种植，从而形成了具有地方特色的产业，提升了地区的品牌形象。

11.教育与知识普及

果树生产还是农业教育和知识普及的重要内容，相关部门通过对果树栽培技

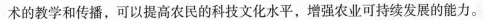

术的教学和传播，可以提高农民的科技文化水平，增强农业可持续发展的能力。

总之，果树生产在保障食品供应、促进经济发展、改善生态环境、增进社会福祉等方面发挥着重要作用。随着全球人口的增长和消费模式的变化，果树产业面临新的机遇和挑战。未来，通过科技创新、产业升级和国际合作，果树生产有望实现更加可持续和高质量的发展，为人类社会做出更大的贡献。

二、果树分类

通常，除了可按生物学特性进行果树分类外，我们还可以按照果树的生态适应性和栽培特性相近性进行归类。

（一）栽培学上的分类

1.落叶果树

该类果树在秋季落叶，冬季树冠上没有叶片。苹果、梨、桃、柿、核桃、板栗等即属此类。

2.常绿果树

该类果树落叶不集中，冬季树冠上留有叶片。柑橘、荔枝、枇杷等即属此类。

（二）按果树形态分类

1.乔木果树

乔木果树植株高大，有明显的木质主干，长到一定高度后再发生分枝，如苹果、梨、核桃等。

2.灌木果树

灌木果树树体矮小，没有主干，从根颈长出多条粗壮相近的木质分枝，如滇杨梅、棠梨等。

3.藤本果树

藤本果树没有直立生长的树干，靠攀缘他物向上生长，如葡萄、猕猴桃等。

4.草本果树

草本果树无木质茎，多年生，具有草本植物的形态，如草莓、香蕉、菠

萝等。

（三）按果实结构与生态适应性分类

1.按果实结构分类

（1）仁果类

仁果类果树的果实是由子房和花托共同发育而成的假果，如苹果、花红、梨等。

（2）核果类

核果类果树的果实是由子房发育而成的真果，如桃、李、杏、梅、樱桃等。

（3）坚果类

坚果类果树的果实外面有坚硬的外壳，食用部分多为壳内的种子，如核桃、板栗、银杏等。

（4）浆果类

浆果类果树果实的外果皮薄，中果皮和内果皮肉质化，充满汁液，内含多粒种子，如草莓、石榴、葡萄、猕猴桃等。

（5）柑果类

柑果类果树的外果皮革质，并且有油囊；中果皮布有维管束，叫橘皮络；内果皮膜质，内有肉质的囊瓣。如柑橘、柠檬等。

（6）荔枝果类

荔枝果类果树的果实主要食用部分为假种皮，果皮肉质或壳质，如荔枝、龙眼、红毛丹等。

（7）聚复果类

聚复果类果树的果实由多花或多心皮组成，形成多花或多心皮，如菠萝、番荔枝、果桑、树莓等。

（8）荚果类

荚果类果树主要是豆科或梧桐科植物，如苹婆、酸角等。

2.按果树生态适应性分类

根据生态适应性，可将果树分为四大类：温带果树，如苹果、梨、花红、核桃等；暖温带果树，如桃、李、杏、樱桃等；亚热带果树，如荔枝、龙眼、柑橘等；热带果树，如香蕉、菠萝、椰子等。

第二节 果树生长发育特点与生长周期

一、果树生长发育特点

（一）果树营养器官的生长

1.根系

（1）根系的作用

根系的作用包括吸收水分和养分、贮藏有机养分、合成有机物质（有机氮化合物；有机磷化合物；内源激素，包括细胞分裂素、赤霉素、生长素等）、分泌有机物质。有些根系能产生不定芽。

（2）根系的类型

①实生根系

实生根系由种子的胚根发育而来。其特点是主根明显，根系深，固定性强，生理年龄小，对外界环境有较强的适应性，但个体间存在差异。

②茎源根系

茎源根系来源于茎上的不定根。其特点是没有明显主根，根系较浅，固地性较差，生理年龄较大，对外界环境的适应力弱，但个体间差异较小。

③根蘖根系

根蘖根系是经分株繁殖后形成的根系。其特点与茎源根系类似，但不同个体较不一致。

（3）根系结构

根系由主根、侧根及须根组成，各部分具有不同的作用。

根系分为主根、侧根和须根，其中主根和侧根构成根系的骨干部分，起支撑树体及输导、储藏养分和水分的作用。须根的作用：①从须根上长出的生长根具有延伸和增粗作用，会逐渐变为骨干根；②须根的吸收部分密生着根毛，其吸收水分和矿物质营养能力很强；③许多热带果树无根毛，但具有菌根。菌根除具有吸收能力外，还能分泌激素和酶，增强根的活性。菌根上的放射菌还具有固氮作用。

（4）果树根系的分布

①垂直分布

根系的深度分布范围主要集中在20 ～ 100 cm深的土层内，土壤较好的果树根系的深度分布范围主要集中在10 ～ 40 cm深的土层内。

②水平分布

根系的水平分布范围一般为树冠的1 ～ 3倍，但约有60%的根系分布在树冠正投影之内。

（5）果树根系的生长

在一年中，前半年主要是加长生长，后半年则进行加粗生长。根系在年周期中的生长，受外界土温及土壤水分、通气状况等的影响很大。根系在一个生命周期中经历着发生、发展、衰老、更新与死亡的过程。

2.枝梢

（1）果树的树冠结构

果树的树冠是指果树主干以外的地上部分，由中央主枝、主枝、副主枝和侧枝组成。

（2）枝梢类型

按枝梢的性质，枝梢可分为营养枝、结果母枝和结果枝。

按枝梢形成的季节，枝梢可分为春梢、夏梢、秋梢和冬梢。

按一年内抽梢的次数，枝梢可分为一次梢、二次梢、三次梢等。

（3）枝梢的生长特性

①枝梢生长

枝梢生长从叶芽萌发开始，到新梢生长停止、顶芽形成为止。其间的生长包括加长生长和加粗生长两方面，一般经历以下几个时期：开始生长期、旺盛生长期、缓慢生长期、组织成熟期。

枝梢生长的快慢取决于品种、砧木的遗传特性、繁殖方法、年龄时期、树体内有机营养物质和内源激素的含量等因素。另外，环境也是一个影响因素。

②顶端优势

顶端优势指顶端分生组织、生长点或枝条对下部的腋芽或侧枝生长的抑制现象。

③树冠层形

由于顶端优势和芽异质性的共同作用，中心干上部的芽萌发为强壮的枝梢，中部的芽抽生较短的枝梢，基部的芽多数不萌发。随着树龄的增长，强枝愈强，发育为主枝，弱枝愈弱，逐渐死亡，树冠上主枝呈层状分布。

3.叶

（1）叶的作用

叶的作用包括：进行光合作用，制造有机养分；吸收养分。另外，叶可作为不同果树种类和品种区别的重要依据。

（2）叶的生长发育

叶片自叶原基出现之后即开始发育，先形成雏叶，依次经过伸长、成熟、衰老和脱落几个生长时期。

叶片发育到功能期时才能进行光合作用。叶的功能期是指叶从开始输出光合产物到失去输出能力的阶段，其长短取决于叶片的寿命。

叶片的寿命由环境条件和栽培管理水平决定。良好的环境条件和栽培管理，可使叶片寿命延长；干旱、病虫危害及栽培管理不当，会导致果树不正常落叶，进而影响果树的生长和结果。

（3）叶面积指数与叶幕

①叶面积指数

叶面积指数是指单位土地面积上果树叶面积总和与土地面积的比值。

多数果树的叶面积指数为4～5，耐阴的果树的叶面积指数可以稍高。生产上还把叶片数量与果实数量之比叫作叶果比。

②叶幕

叶幕是指由同一层骨干枝上全部叶片构成的具有一定形状和体积的集合体。

适当的叶幕厚度和叶幕间距是合理利用光能的基础。多数研究表明，主干疏层形的树冠第一、第二层叶幕厚度为50～60 cm，叶幕间距为80 cm，叶幕外缘呈波浪形，是较好的丰产结构。

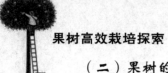

（二）果树的开花与果实发育

1.开花与坐果

（1）花的结构与性别

①花的构造

完全花由花梗、花托、花萼、花冠、雄蕊和雌蕊等部分组成。不完全花指缺少了完全花某些部分的花。

②花与植株的性别

多数果树是两性花植物，但也有不少果树是单性花植物。其中一些单性花果树是雌雄同株的，另一些则是雌雄异株的。还有一些果树是杂性同株，树上有两性花、雌性花、雄性花和无性花。

对于雌雄同株和杂性同株的果树，只要在生产上采取措施并加强管理，就可提高两性花和雌花比例，从而有利于获得高产。

有时果树的花粉或胚囊在发育过程中会发生退化或停止发育，这种现象称为败育。某些果树花粉或胚囊败育时仍能进行单性结实；某些果树则不能，此时只有配置授粉品种才能提高产量。引起花粉或胚囊败育的原因包括遗传及不良的营养和环境条件。

（2）开花、授粉和受精

①开花

当雌雄蕊成熟，花被展开，即为开花。影响花开放的关键因子是温度与光照。多数果树在上午10时至下午2时之间开花，少数在夜间开花，如火龙果。

②授粉和受精

花粉从雄蕊的花药传授到雌蕊柱头上的过程称为授粉。精子与卵细胞融合的过程称为受精。

同一品种（无性系）果树间进行授粉后能大量结实，称为自花授粉；而不同品种果树间进行授粉后大量结实，称为异花授粉。对于异花授粉果树，生产上应配置异花亲和的授粉树，才能获得较高产量。

影响授粉受精的因素有亲本的亲和性、营养、温度、水分、风、传粉媒介和空气污染程度等。

③坐果

经过授粉受精后，子房膨大发育成果实的现象称为坐果。大多数果树授粉受

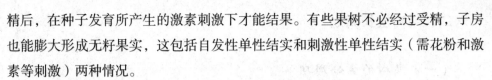

精后，在种子发育所产生的激素刺激下才能结果。有些果树不必经过受精，子房也能膨大形成无籽果实，这包括自发性单性结实和刺激性单性结实（需花粉和激素等刺激）两种情况。

在果树开花和幼果发育过程中，大量的花和未成熟的果实中途脱落的现象，称为落花落果。

引起落花落果的原因主要有：授粉受精不良，营养失调，病虫危害和恶劣气候影响等。生理落果主要由花器发育不健全或未授粉受精而胚胎发育不良，以及果实迅速增大时营养不足所造成。采前落果主要是病虫危害及干旱、台风、冰雹等自然灾害引起的。

减少落花落果的措施有：调节营养，提高树体营养水平，如疏花疏果、环剥、摘除春梢等；增加激素含量；保证授粉受精，如种植足够的授粉树、在果园放蜂、人工辅助授粉等；及时防治病虫害；做好防台风、防旱、防涝、防霜等工作。

2.果实生长与种子发育

（1）果实生长

果实是指由子房及其包被物发育而成的多汁或肉质可食部分。

果实生长的前期表现为果实体积的增大和重量的增加。果实生长类型按增长高峰出现的次数和时期的不同可分为两种：一种是单"S"型，即果实在生长过程中只有一次增长高峰，表现为初期和后期增长较慢，中期增长较快；另一种是双"S"型，即果实在生长过程中有两次增长高峰，在前后两次快速增长之间有一个缓慢增长期。果实生长的后期为果实的成熟阶段。

影响果实生长发育的因素很多，充足的养分储藏与适当的叶果比，丰富的无机营养和水分有利于果实的生长，而种子的发育情况及温度、光照也影响果实的发育。

（2）种子发育

种子是由受精的胚珠发育而成的。受精卵发育成胚，受精的极核发育成胚乳。大部分果树种子中的胚乳在形成过程中被胚吸收而消失，养分储藏于子叶中，少部分果树的种子有胚乳。果树种子通常只有一个胚，也有一些果树的某些种类、品种具有多个胚。

种子在发育过程中能产生生长素等物质，从而刺激细胞的分裂，使子房膨大。

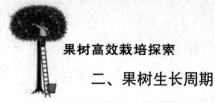

二、果树生长周期

（一）果树的生命周期

果树生长、结果、衰老、更新和死亡的过程叫果树的生命周期，又叫年龄时期。

果树分为实生树和营养繁殖树。实生树是由种子繁殖长成的树，在生产上应用较少。营养繁殖树是采用扦插、压条、分株、组培和嫁接等方式繁殖培育的果树，在生产上广为应用。在生产上，营养繁殖果树的生长阶段按年龄阶段的变化，分为幼树期、初果期、盛果期和衰老期四个时期。

1.幼树期

幼树期又叫营养生长期，从苗木定植起至第一次开花结果为止。此期营养生长强，根系和树冠扩大快。

2.初果期

初果期又叫生长结果期，指从第一次结果到盛果期止。此期根系和树冠继续扩大，分枝级数逐渐增加，产量逐渐上升，果实品质逐年提高，进而达到固有的性状。

3.盛果期

盛果期又叫成年期，从出现最高产量时起到产量开始下降止。此期是果树一生中历时最长、产量和经济效益最高的时期。此时树体已定型，树势保持在旺盛状态，结果枝多，产量达到最高水平。

4.衰老期

衰老期又叫结果后期，从产量开始下降到收益微少时止。此期新枝逐年减少变短，骨干枝先端逐渐枯死。

（二）果树的年生长周期

果树在每年的生命活动中，随着四季气候的变化而发生的萌芽、抽枝、开花、结果、落叶、休眠等循环反复的形态和生理机能上有规律的变化，称为果树的年生长周期，简称年周期。

落叶果树在年生长周期中最明显的形态和生理变化是生长与休眠，常绿果树一般无明显休眠期。

生长期是指果树从春季萌芽到秋季落叶的过程。其间可明显看出果树形态的变化，如萌芽、开花、果实发展和成熟等。休眠期是指果树从落叶到第二年春季萌芽的过程。在休眠期，果树无明显的形态变化。

果树每年都会随着四季气候的变化，出现有规律的外部形态变化和内部生理变化，这种活动过程称为物候期。

第二章　常见的果树育苗

第一节　苗圃的建立与无病毒果苗培育

一、苗圃的建立

（一）育苗方式

根据育苗设施不同，果树育苗包括露地育苗、保护地育苗、容器育苗、试管育苗等方式。

1.露地育苗

露地育苗是指果苗整个培育过程或大部分培育过程都是在露地进行的育苗方式。通常设立苗圃培育苗木，也可采用坐地育苗，在园地直接育苗建园，这是生产上广泛应用的常规育苗方式。

（1）圃地育苗

圃地育苗是将繁殖材料置于苗床中培育成苗。对于小批量和短期性自用苗木的生产，可在拟建园地就近选择合适地块，建立小面积临时性苗圃培育苗木。对于大批量和长期性商品苗木的生产，应建立专业化的大型苗圃培育苗木。

（2）坐地育苗

坐地育苗是将繁殖材料直接置于园地的定植穴内，长成果树，把育苗工作置于果园建立之中。

2.保护地育苗

保护地育苗就是利用保护设施对环境条件（温度、湿度、光照等）进行有效控制，促进苗木生长发育，提早或延迟生长，培育优质壮苗。保护地设施有多种类型，常见的有以下六种。

（1）温床

在苗床表土下15～25 cm处设置热源提升地温。如利用电热线、酿热物（骡、马、羊、牛粪或麦糠）、火炕等，建立温床，提高基质温度，对扦插苗的促根培养极为有利。

（2）温室

通常采用普通日光温室，室内的温度、湿度、光照、通气等环境条件与露地大不相同，而且能根据苗木的需要进行人为控制。这种设施可促进种子提早萌发，出苗整齐，生长迅速，发育健壮，延长生长期，有利于快速繁殖。

（3）塑料拱棚

用细竹竿或薄木片等在床面插设小拱架，覆盖塑料薄膜，建成塑料小拱棚。利用薄膜和日光增加棚内温度，一般气温可维持在25℃左右，配合铺设地膜，可提高地温。塑料拱棚已在生产上广泛应用。

（4）荫棚

荫棚就是在苗床上设置棚架，架顶覆盖遮阳网或苇箔、竹箔、席片等遮阳材料。荫棚主要在幼苗生长季遮阳，能避免强光直射，防止其失水或灼伤。

（5）弥雾

利用弥雾装置，在喷雾条件下培育苗木。常用的有电子叶全光自动间歇喷雾（通过特制的感湿软件——电子叶、微信息电路及执行部件，控制间歇喷雾）和悬臂式全光喷雾（主要组成部分包括喷水动力、自控仪、支架、悬臂和喷头）两种类型。弥雾育苗是近几年推广应用的快速育苗新技术，主要用于嫩枝扦插育苗。

3.容器育苗

容器育苗就是在容器中装入配制好的基质进行育苗的方法，应用于集约化育苗、组织培养生根苗入土前的过渡培养、葡萄的快速育苗及稀有珍贵苗木的扦插繁殖。容器类型包括纸袋、塑料薄膜袋、塑料钵、瓦盆、泥炭盆、蜂窝式纸杯等。播种和移栽组织培养苗，容器直径5～6 cm，高8～10 cm；扦插育苗，容器直径6～10 cm，高15～20 cm。容器育苗的基质或营养土可单一使用，也可混合使用。播种宜用园土、粪肥、河沙等的混合材料，扦插繁殖和组培苗的过渡培养，多单用蛭石、珍珠岩、碳化砻糠、河沙、煤渣等通气好的材料，不混用有机质和肥料。而泥炭是理想的培养基质，脲醛泡沫塑料是容器育苗的新型基质材料。

15

营养土配制的原则是因地制宜，就地取材。对营养土的要求是蓄水保墒，通气良好，重量轻，化学性质稳定，不带草种、害虫和病原体。其具体配方有：①泥、土、腐熟有机肥各1份；②泥炭土50%、蛭石30%、珍珠岩20%，再加适量的腐熟人畜粪尿；③淤泥、泥炭土、河沙各等份，再加适量的饼肥和过磷酸钙。将培养土装入容器容量的95%，排放整齐，浇水。待水渗下后，播种、覆土。覆土厚度视种子大小而定，一般为种子直径的1～3倍。容器育苗能否成功，关键是能否有效控制温湿度，苗木生长适温为18℃～28℃，空气相对湿度为80%～95%，土壤水分保持在田间持水量的80%左右。幼苗长到4～5片真叶时，再根据是否充分形成根系团确定移栽。移栽时如果是纸钵，直接栽到地下即可；如果是塑料钵，可先将底部打开，待栽到地下后，再将塑料钵抽出。

4.试管育苗

试管育苗又称组织培养育苗，是指在人工配制的无菌培养基中，将植物离体组织细胞培养成完整植株的繁殖方法。因最常用的培养容器多为试管，故又称试管育苗。试管育苗根据所用材料可分为茎尖培养、茎段培养、叶片培养和胚培养等。试管育苗在果树生产上主要用于快速繁殖自根苗，脱除病毒，培养无病毒苗木，繁殖和保存无籽果实的珍贵果树良种，多胚性品种未成熟胚的早期离体培养，胚乳多倍体和单倍体育种等。

该种育苗方式繁殖速度快，经济效益高，占地空间小，不受季节限制，便于工厂化生产，但对技术要求比较高。

在苗木生产过程中，常将各种方式组合，形成最优化生产。如在保护地育苗中可同时采用日光温室、温床、遮阳网及容器育苗等多种方式。

（二）苗圃

苗圃是提供优质苗木的场所，也是探索植物繁殖新方法、改进育苗技术的试验基地。我们通常所说的苗圃是指露地苗圃。

1.苗圃地的选择

（1）地点

规模较大、长期育苗的专业苗圃，应选择交通方便的地方；规模较小、临时性的苗圃，应选择在需要苗木的中心。但工厂和交通主干道附近不宜选作苗圃地。

（2）地势

苗圃地的选择，关于地势方面，主要考虑到背风向阳、排水较好、地势较高、地形平坦广阔的地方；要有一些坡度，但坡度不要太大，在3°以内的地方即可，如果碰到坡度较大的地方，可修筑梯田；地方水位在1.5 m以上的低洼地、阳光不足、风大的谷底均不宜做苗圃地。

（3）气候

气候包括温度、水量、光照、霜期等，在苗圃选择时都要考虑到。尤其是苗圃栽培过程中，气候条件是否有利，与苗圃的成活率有直接的关系，尤其是在炎热和寒冷地区，要做好苗圃的恶劣气候预防工作。

（4）病虫害

苗圃地应尽量选在无病虫害和鸟兽害的地方。附近不要有能传染病菌的苗木，远离成龄果园；不能有病虫害的中间寄主，如成片的松柏、刺槐等；常年种植马铃薯、茄科和十字花科蔬菜的土地，不宜选作苗圃地。

2.苗圃地的规划

小型苗圃面积比较小，一般在2 hm² 以下，育苗种类和数量比较少，可不进行区划，而以畦为单位，分别培育不同树种、品种的苗木。在苗圃的规划中，遇到较大面积的苗圃，应该做好合理的规划，按照地形、地势、气候条件、土壤性质等，经过详细的实地考察，做好相应的工作，才能有很好的规划。本着经济利用土地、便于生产和管理的原则，合理分配生产用地和非生产用地，划分必要的功能园区。现代化专业性苗圃应包括母本园和繁殖区两部分，苗圃土地规划包括育苗用地和非育苗用地。繁殖育苗地一般占60%。

（1）繁殖区

繁殖区也称育苗圃，是苗圃规划的主要内容，应选最好的地块。根据所培育苗木的种类可将繁殖区分为实生苗培育区、自根苗培育区和嫁接苗培育区。根据树种可分区为苹果育苗区、梨育苗区、桃育苗区和葡萄扦插区等。也可将相同苗木、相同苗龄的苗木集中管理。各育苗区最好结合地形采用长方形划分，一般长度不短于100 m，宽度为长度的1/3 ~ 1/2。繁殖区必须实行轮作，同一树种一般要种2 ~ 3年其他作物后再育苗，但不同种类可短些。

（2）母本园

母本园是生产繁殖材料的圃地。繁殖材料是指做育种、接穗、芽、插穗（条）、根等供应地。母本园可分为品种母本园、无病毒采穗圃和木母本园等。

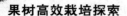

品种母本园主要任务就是提供繁殖苗木所需要的接穗和插条，主要分为两种类型：一是在科研单位里建立起来的，专门做研究、繁殖的，采用先进技术将原种分为一级、二级品种的母本园，其中，母本繁殖材料可供生产单位提供；二是生产单位在品种纯度高、环境条件好、无检疫对象的果园，去杂去劣，高接换头，进一步提高品种纯度，改造建成母本园。主要是采用高新技术或引用国外的技术，培育出最新的育苗，此类母本园一般是为科研单位提供种苗的培养基地。

（3）配套设施

配套设施除了育苗用地以外的设施，如道路、排水系统、灌溉系统、房屋及其他建筑物等。在苗圃设施规划中，道路的宽窄和苗圃的面积及使用的交通工具有很大的关系，规划路的同时，相应的各个环节的系统规划也要合理，如排水系统、灌溉系统等。在苗圃规划时这些都要安排妥当。

二、无病毒果苗培育

果树的病毒病害是指在果苗的生长过程中，会遇到病毒、类病毒、类菌质体和类立克次氏体引起的病害。无病毒果苗是果苗经过特殊的脱毒处理和病毒检测，证明将不存在病毒源的苗木。建立无病毒苗木繁育体系，健全去病毒检疫检验制度，培育无病毒原种，防止果苗带毒和人为传播是防治与克服果树病毒病危害的根本措施和唯一途径。

（一）无病毒母树培育

培育无病毒苗木，首先要有无病毒母树。而无病毒母树主要通过脱毒的途径来获得，果树苗木主要脱毒途径有四种。

1.茎尖组织培养脱毒

病毒侵入植物体后，并非所有的组织都带有病毒，在生长点附近的分生组织大多不含有病毒。茎尖组织培养脱毒就是对切取茎尖的微小无病毒部分（一般0.1～0.3 mm）进行组织培养，从而获得无病毒的单株。其技术内容与规程如下。

（1）培养基配制

培养基配制可参考其他组织培养技术手册进行。

（2）取材

在春季发芽时，取田间嫩梢，用70%酒精浸泡消毒0.5 min，用0.1%L汞（氯化汞）液消毒10～15 min，然后用无菌水冲洗3～5遍。

（3）接种培养

在经过消毒并冲洗干净的材料上，切下带有1～2个叶原基的生长点，长0.1～0.2 mm，接种于培养基上培养。培养温度28℃～30℃，光照强度1500～2000 lx，光照时间每天10 h左右。

（4）继代培养

在初代培养基础上进行继代培养。方法是在无菌条件下切取茎尖产生的侧芽，接种到增殖培养基上培养。

（5）诱导生根

将增殖得到的芽或新梢移植到生根培养基上，经诱导生根培养，得到完整试管苗。

（6）移栽

移栽前将幼苗经2～3 d锻炼后，用水洗去培养基，移栽到装有腐殖质与沙（比例1∶1）的混合基质的塑料钵中，放在温室中生长10 d左右后移栽于室外，按常规方法管理。成活后经病毒检测没有病毒后，便获得了茎尖组织培养的脱毒苗。

2.热处理脱毒

热处理也称为温热疗法，是利用病毒和植物细胞对高温忍耐程度的差异，选择适当高于正常的温度处理染病植株，使植株体内的病毒部分全部失活，而植株本身仍然存活。将不含病毒的组织取下，培育成无病毒个体。苹果的具体脱毒步骤是：先将带毒的芽片嫁接在未经嫁接过的实生砧木上，成活后促进萌发，然后把萌发的植株放入（38±1）℃的恒温器内热处理3～5周。从经过热处理的植株上剪下正在生长的新梢顶端，长1.0～1.5 cm，嫁接在未经嫁接的砧木上，嫁接成活并生长到一定高度时，取一部分芽片接种在指示植物上进行病毒试验，确认无病毒后，作为无病毒母本树繁殖无病毒苗木。

3.热处理结合茎尖培养脱毒

在单独使用热处理或单独使用茎尖培养脱毒都不奏效时，我们可使用热处理结合茎尖培养法脱毒。热处理可在茎尖离体之前的母株上进行，也可在茎尖培养期间进行。一般以前一种方法的处理效果较好。

4.离体微尖嫁接法脱毒

离体微尖嫁接法脱毒是茎尖培养与嫁接方法相结合，用以获得无病毒苗木的一种技术。它是将0.1～0.2 mm接穗茎尖嫁接到试管中的无菌实生砧木苗上，继续进行试管培养，使其愈合成完整植株。

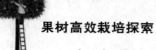

（二）繁殖无病毒苗木要求

获得无病毒原种材料后，要分级建立采穗用无病毒母本园。母本园应远离同一树种2 km以上，最好栽植在配备防虫网的网室内。母本树应建立档案，定期进行病毒检测，一旦发现病毒，立即取消其母本树资格。

繁殖无病毒苗木的单位或个人，必须填写申报表，经省级主管部门核准认定，并颁发无病毒苗木生产许可证。

繁殖无病毒苗木的苗圃地，应选择地势平坦、土壤疏松、有灌溉条件的地块，同时也应远离同一树种2 km以上，远离病毒寄主植物。

繁殖无病毒苗木使用的种子、无性系砧木繁殖材料和接穗，必须采自无病毒母本园，附有无病毒母本园合格证。

繁殖无病毒苗木的嫁接过程，必须在专业人员的监督指导下进行，且嫁接工具要专管专用。

繁殖无病毒苗木，须经植物检疫机构检验，合格后签发无病毒苗木产地检疫合格证，并发给无病毒苗木标签，方可按无病毒苗木出售。

（三）无病毒苗木培育

在苗圃中，用无病毒母株上的材料建立无毒材料繁殖区。利用繁殖区的无毒植株压条或剪取枝条扦插，培育无毒的自根苗或在未经嫁接过的实生砧木上嫁接无毒品种，培育无毒的嫁接苗。繁殖区内的植株经过5~10年，要用无毒母本园保存的材料更新一次。

第二节　实生苗与嫁接苗的培育

一、实生苗的培育

（一）种子的采集和处理

1.组培苗的特点

组培苗有主根，就像是实生苗一样的主根，扦插苗是侧生根。

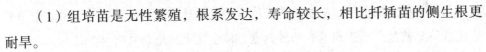

（1）组培苗是无性繁殖，根系发达，寿命较长，相比扦插苗的侧生根更耐旱。

（2）组培苗就是克隆技术，保持母本的特征，根系如实生苗一样发达，株型丰满，长势旺盛。

（3）组培苗适合大量扩繁，可以大幅减少育苗成本和时间。要品质好就要选组培苗。

（4）组培苗可以提高植物的成活率。

2.实生苗的利用

实生苗是指播种的种子生长成的苗木，这种方法是最古老的一种培育方式。在果树栽培技术方面，砧木嫁接的方式使用较多，也有部分果树栽培技术是使用实生苗作为果苗。因为种子来源广泛、繁殖方法简便、便于大量繁殖，所以果树砧木是主要的繁殖方法。利用实生繁殖变异性大的特点培育新品种，是果树育种的主要方法之一。

3.种子的采集

（1）种子采集要求

种子采集的要求对整个果树栽培技术来说是很重要的，接下来是对种子采集列出的要求。

①选择优良母本树

培育实生苗，如核桃、板栗等，都是选用多产、丰收、健康的母株培育的，实践也证明，生长健壮的成年母株所生产的种子充实饱满，苗木对环境的适应能力强，生长健壮，发育良好，抵抗力也很强。

②适时采收

种子成熟之后，选择合适的时间采收也是种子采收重要要求之一。如果采收得过早了，种子未成熟，种子发育不成熟，种胚发育不全，会影响种苗的生长，不仅成活率低，贮藏养分也会不充足。

③选择果实

在选择果实时也要注意，果实肥大，日照充足，果形端正，其种子就会饱满，发芽率和成活率就会很高。

（2）采种时期

采种时期与种子的质量有着很大的关系。鉴别果树种子的形态和成熟期，更多的是根据种子的色泽、果实是否变软、种皮颜色是否达到成熟的颜色、按照果实的成熟日期是否已达到应有的成熟度、种子含水量是否合格等。

一般的果树在生理成熟后将会进入成熟的形态，只有银杏比较特殊，因此采种时期，需要综合考虑才能采种，不宜过早也不宜过晚。

（3）取种方法

①堆沤方法

果实无利用价值的可用堆沤的方法，如山丁子、山杏等。将果实堆积在背阴处使果肉软化；堆积期间要经常翻动，保持堆温在25℃～30℃；果肉软化后揉碎，用清水洗净，取出种子。

②加工方法

果实可结合加工过程取种，注意要防止种子混杂或因高温、化学处理和机械损伤而降低种子生活力。

4.种子的贮藏

大多数的种子脱离果体后，需要经过适当的干燥才能贮藏，如果种子含有较多的水分，在贮藏的过程中会霉烂。贮藏中影响种子生理活动的条件有水分、温度、湿度、通气情况。

种子的干燥通常是放置于阴凉处，自然阴干，不宜暴晒。经过阴干的种子，要进行分级，除去混杂物和破粒，使纯度达到95%以上。然后根据种子饱满程度或质量加以分级。种子经过精选分级后，可以出苗整齐，生长均匀，易实现全苗，便于抚育管理。

种子在层积处理（催芽）之前的时间，需要设法保持种子生活力。落叶果树种子大多数在充分阴干后干藏，如杜梨、山丁子、海棠、桃、杏、核桃等。而板栗、甜樱桃、银杏和大多数常绿果树等种子本身含水量较高，干藏会失水导致不易萌发而死亡，采收后需要立即播种或湿藏。

5.种子休眠和层积处理

种子的休眠是指有生活力的种子即使吸水并置于适宜的温度和通气条件下，也不能发芽的现象。

南方常绿果树和种子一般没有休眠期或休眠期很短，只要采种后稍加晾干，立即播种，在温度、湿度和通气良好的条件下，随时都能发芽。

北方落叶果树的种子，具有自然休眠的特性，即使给予适宜的发芽条件，也

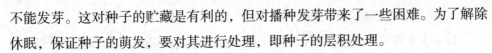

不能发芽。这对种子的贮藏是有利的，但对播种发芽带来了一些困难。为了解除休眠，保证种子的萌发，要对其进行处理，即种子的层积处理。

（1）种子的层积处理

层积处理是将种子和沙分层堆积，在低温环境下，使种子解除休眠，保证种子萌发的方法，也称沙藏。

（2）层积处理的条件

①温度2℃～7℃，一般埋在冻土层以下；沙的湿度以40%～60%为宜，即手握成团而不滴水，手一触即散。

②沙藏前，除去种子内的杂质，进行漂洗，防止烂种；沙子需要洁净的河沙，不能带土，过筛。种、沙比例要适当，一般种、沙比为1：3，种子以互不接触为准。

③在坑底铺一层10～20 cm厚的石子或石砾，上面铺10 cm的湿沙。可在被处理种子中立秫秸笆，保持良好的通气条件。

④沙藏处理的后期，要注意经常检查种子，使其保持合适的温度、湿度和通气条件，并掌握种子的发芽情况。

6.种子生活力鉴定

新种子生活力高，播种后有较高的发芽率。陈种子则会丧失部分或全部生活力。为了正确确定种子质量和计划播种量，宜在层积处理或播种前进行种子生活力的鉴定。种子生活力鉴定是判断种子发芽率和发芽数量的一种方法。常用方法如下。

（1）种子净度的快速鉴别

其方法是：随机取出样品约200粒的种子，认真地数出能当种子用的好种子和不能当种子用的杂质及其他作物种子，然后进行比较，确定种子净度。净度达到98%以上时，才是质量较好的种子。

（2）种子纯度快速鉴别

种子纯度直接影响农业生产的产量，它是指种子的典型一致性。其感官快速鉴别方法有：看种子的粒形、色泽、胚形、胚色、稃壳颜色等，看主要能表现本品种的主要性状的典型一致性程度。凡是主要性状典型，一致性好的种子，其纯度也就高。

（3）种子含水量快速鉴别

种子含水量是种子除基因以外的一个最重要的生命指标，是影响种子寿命长短的主要因素。含水量较低才能确保种子安全贮藏直至利用。其快速鉴别方法有三种。①眼看法。一般情况下，颜色比较鲜艳且有光泽，是成熟较好水分较低的种子，否则是含水量较高的种子。②手摸法。把手插入种子堆或袋内，如果感到容易伸进去，阻力小，种子温度不高，则是水分较低的种子。相反，如果感到种子里面粗糙发涩，手不易插入，甚至把手抽出时，还有一些种子黏附在手背或手指间，则是含水量较高的表现。③牙咬法。把种子用牙咬断，感觉硬脆，断面光滑的是水分较低的种子；咬时费力小，声音不响，易咬扁，断面不光滑的，是水分较高的种子。无论采取哪种方法鉴别种子水分，都必须具有认真作风。同时，最好是多种方法结合使用。

（二）播种

1.整地、做畦

播种前要对播种地施有机肥，再进行翻地、耙地等，使苗床土壤松软、平整。根据要求做畦，一般多雨地区或地下水位高时，宜用高畦，畦面高于步道15～25 cm；少雨干旱地区宜用低畦，畦面低于步道10～15 cm。

2.播种时间

播种时间要根据各种果树的生长发育特性和当地环境条件及栽培设施而定。

（1）春季播种

冬季严寒、干旱、风大、鸟鼠害严重的地区宜春播。一般中原一带在3月上旬至4月上旬，华南多在2月下旬至3月上旬播种。春播在土壤解冻后进行，在不受晚霜危害的前提下尽量早播，可延长苗木的生长期，以增加苗木的抗性。

（2）秋季播种

秋季播种是比较好的季节，土壤通过了后熟和休眠，营养较丰富，第二年春季出苗早还整齐。苗木的生长期较长，经过了冬季严寒，幼苗生长健硕。苗木在土壤里才能有更好的"休息"，但要适当做好御寒措施。

（3）随采随播

许多常绿果树的种子含水量大、寿命短、不耐贮藏，应随采随播，如柑橘砧木用枳，7月中旬、下旬种子发芽率达90%，生产上常用嫩籽播种，出苗整齐，长势健壮。

3.播种方法分析

（1）播种方法

播种方法有撒播、点播和条播，果树播种育苗常用条播和点播。

①条播

按一定的株行距开沟，沟深1～5 cm，将种子均匀地撒到沟内，覆土，适合于小粒种子，如海棠、山丁子、杜梨等。出苗密度适当，生长比较整齐。

②点播

按一定的行距开沟，将种子1～2粒按一定株距点到沟内，覆土，适合于大粒或超大粒种子，如山桃、核桃、银杏、核桃、板栗等。

（2）播种深度

播种深度应根据种子大小、土壤性质、气候条件而定。一般要求播种深度是种子最大直径的3～4倍。秋播比春播稍深。通常，山丁子为1 cm，海棠、杜梨为1.5～2 cm，君迁子为2～3 cm，山桃、毛桃、山杏为4～5 cm，核桃、板栗为5～6 cm。

播种时，可在土壤中掺些细沙，覆盖在种子上，防止土壤板结，有利于出苗。播种后，采用地膜覆盖或覆草等，可防止土壤干裂，对种子萌发出土有利。

（3）播种量

播种量是指单位面积内（或单位长度内）播种种子的质量。播种量的大小要依据计划育苗的数量、每kg种子的粒数、种子发芽率、种子纯净度来确定。可用下列公式进行计算。

$$每公斤播种量（kg）=\frac{每公顷计划育苗数}{每千克种子的粒数×种子发芽率×种子净度} \qquad (2\text{-}1)$$

在育苗过程中，影响出苗的因素很多，所以生产中实际播种量均高于计算播种量。

4.播种苗的管理

播种后要充分注意温度和湿度的变化，山丁子、海棠、杜梨等小粒种子在日均气温10℃～15℃出苗最好。

（1）移栽和间苗

小粒种子在出土之后，要分期分批去掉覆盖物，当幼苗长出3～4片真叶

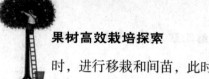

时，进行移栽和间苗，此时小苗正处于缓慢生长期。移栽过早，幼苗不易成活；过晚，易伤根，也影响成活率。

移栽和间苗前，首先应灌水，以防止伤根，而且移栽的时间宜在阴天或傍晚进行。仁果类小苗以10 cm一棵为宜，大粒种子幼苗不宜移栽。

（2）断根

对直根发达的树种（如核桃、杜梨等），在苗期断根，促进侧根发展。在3～4片真叶时，深度10～15 cm，方法是用一铁锹在行间斜向下铲一下，注意断根后应立即灌水。

（3）摘心

苗高长到30 cm以上时进行，以加粗苗干。同时除去苗干基部发生的萌蘖枝，以便于以后的嫁接。

（4）灌水

苗木出土之后，要及时灌水，以加速苗木的生长，要求小水漫灌。苗木进入生长期后，气温增高，耗水量增大，应增加灌水次数。

（5）除覆盖物

地膜覆盖的种子在出苗后要及时放风，当苗子顶到薄膜时全部放开，以免灼伤小苗。

（6）松土和除草

松土和除草可以减少土壤的水分蒸发，促进气体交换，使土壤变得较为松软，可以让苗圃通气，还可以给土壤中的微生物创造适宜的条件，提高土壤中的营养；除草主要是为了减少供给苗木的营养、水分流失。

（7）苗木追肥

苗木的不同成长发育期，对营养元素的要求也不同。苗木生长初期，在速生期的时候，需要大量的氮、磷、钾肥和其他一些必要的微量元素；在苗木的生长后期，主要是以钾肥为主，磷肥为辅，在苗木生长期整个过程中，一般可施肥4次左右。

二、嫁接苗的培育

果树的嫁接，顾名思义就是将一植株的枝转接在另一植株上，也可以转接在

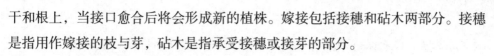

干和根上，当接口愈合后将会形成新的植株。嫁接包括接穗和砧木两部分。接穗是指用作嫁接的枝与芽，砧木是指承受接穗或接芽的部分。

（一）嫁接苗的特点及利用

1.特点

嫁接苗能保持栽培品种的优良性状，很快进入结果期，繁殖系数高。利用砧木可增强果树的抗性和适应性，扩大栽植区域；调节树势，使树冠矮化、紧凑，便于树冠管理。嫁接苗可经济利用接穗，大量繁殖苗木，克服某些用其他方法不易繁殖的困难，是果树生产主要使用的育苗方法。

2.利用

嫁接苗在生产上大量用作果苗，主要树种大多用嫁接苗生产果实。对于用扦插、分株不易繁殖的树种、品种和无核品种常用嫁接繁殖。果树育种上可用于保存营养系变异，使杂种苗提早结果。通过高接换头，可繁殖接穗等材料，建立母本园，生产上更新品种。

（二）影响嫁接成活的因素

1.嫁接亲和力

嫁接亲和力指砧木和接穗的亲和力，是决定嫁接成活的主要因素。具体指砧木和接穗形成层密接后能否愈合成活和正常生长结果的能力。砧木接穗能愈合成活，并能长期正常地生长结实，达到经济生产目的，这是亲和力良好的表现。虽然嫁接成活，但表现生长发育异常，或者虽然结果，而无经济价值，或生长结果一段时间后植株死亡，这是嫁接不亲和或亲和力不强的表现。亲和力与植物亲缘关系远近有关。一般亲缘关系愈近，亲和力愈强，愈易成活；同种、同品种，亲和力强；同属异种，亲和力较强；同科异属，亲和力较弱；不同科亲和力差，嫁接不易成活。

2.营养条件

营养条件指砧木和接穗的营养状况。砧木生长健壮、发育充实、营养丰富，嫁接的成活率才会高，对嫁接后的生长也有很大的帮助；如果生长得不够茂盛，营养不良，细弱砧木苗，嫁接操作将会困难，成活率也低。在接穗的时候，应选用生长良好、营养充足、健硕、木质化程度高、芽体饱满的苗木。

3.极性

嫁接时，必须保持砧木与接穗极性顺序的一致性，也就是接穗的基端（下端）与砧木的顶端（上端）对接，芽接也要顺应极性方向，顺序不能颠倒，这样才能愈合良好，正常生长；否则将违反植物生长的极性规律，导致苗木无法成活或成活后不能正常生长。

4.环境条件

嫁接成活与温度、湿度、光照、空气等环境条件有关。一般气温在20℃～25℃，接穗含水量50%左右，嫁接口相对湿度在95%～100%，土壤湿度相当于田间持水量的60%～80%，嫁接伤口采用塑料薄膜条包扎。嫁接后套塑料袋，有利于嫁接成活。在夏秋季嫁接，苗圃遮阳降温会提高嫁接成活率。低温、高温、干旱、阴雨天气都不利于嫁接成活。

5.嫁接技术

嫁接技术包括不同树种的最适宜嫁接时期和嫁接方法的选择、操作者的操作水平等。嫁接可全年进行，但芽接最适宜的嫁接时期为6—10月，枝接最适宜的嫁接时期为春、秋两季。嫁接过程要严格按照技术要求进行操作，其关键是砧木和接穗削面要平整光滑，形成层对齐密接，绑扎严紧，操作过程迅速准确。

（三）砧木和接穗的相互影响

1.接穗对砧木的影响

接穗影响砧木根系分布的深度、根系的生长高峰及根系的抗逆性，还可影响根系中营养物质的含量及酶的活性，进而影响嫁接树的生长、结果、果实品质，以及树冠部分的抗性、适应性等方面。

2.砧木对接穗的影响

砧木对接穗的影响主要表现在五方面。①嫁接树树冠的大小。若接穗嫁接在乔化砧上，树体高大；而嫁接在矮化砧上，则树体表现矮小。②影响树势缓和，枝条加粗、缩短，长枝减少，短枝增加，树冠开张，干性削弱。③影响嫁接树的结果习性。同一品种嫁接在不同砧木上，始果年限可提早或推迟1～3年，果个、色泽、可溶性固形物含量等均有差异。④影响嫁接树的抗逆性。用山丁子为砧木嫁接苹果树，其抗寒能力大大增强，但耐盐碱能力减弱，在稍稍偏碱的地方易发生黄叶病。葡萄在绝大部分地区栽培自根苗即可，但在东北地区应采用抗寒

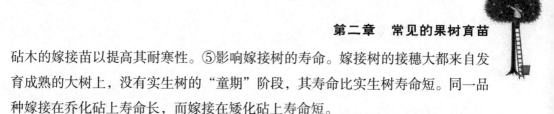

砧木的嫁接苗以提高其耐寒性。⑤影响嫁接树的寿命。嫁接树的接穗大都来自发育成熟的大树上，没有实生树的"童期"阶段，其寿命比实生树寿命短。同一品种嫁接在乔化砧上寿命长，而嫁接在矮化砧上寿命短。

3.中间砧对接穗和砧木的影响

中间砧是嵌入接穗和砧木之间的一段茎干，它对上部（树冠）及下部（基砧）都有一定影响。具体表现为两方面。一是中间砧对接穗的影响非常明显。苹果矮化中间砧能使树体矮化。矮化程度与中间砧成正比，一般15 cm以上才有明显的矮化作用，中间砧越长，矮化性越强。外观表现为短枝率增加，提早结果，提高品质。二是中间砧对基砧的影响也很大。苹果矮化中间砧对基砧根系的生长控制力极强，如果中间砧深栽，大量生根之后逐步可替代基砧，使其缓慢萎缩。

砧木和接穗的相互影响是生理性的，不能遗传，当二者分离后，影响就会消失。

（四）砧木

果树砧木的种类很多，各地都有适宜的砧木树种和选用方法。选择砧木时，果农应该考虑以下条件：第一，与栽培品种有良好的嫁接亲和力，这是首要考虑的问题，对接穗的生长结果有良好的影响；第二，栽培地区的生态环境和病害虫的防治问题；第三，砧木的种苗来源要丰富，并且要选用容易繁殖的种苗；第四，具有特殊需要的性状，如乔化、矮化、抗病虫、耐寒冷、耐盐碱或耐干旱等；第五，根系发达，固地性好。

果树砧木种类很多，各地都有适宜的树种。砧木区域化的原则是因地制宜，适地适栽，就地取材，育种和引种相结合，经过长期试验比较确定当地适宜的砧木种类。在砧木的选用上，应就地取材，适当引种。引种砧木应对其特性有充分的了解或先行试验，观察其各方面的性能，如表现良好再大量引进推广。

（五）砧木苗培育

1.母树选择

对母树的选择一般使用肉眼，从表面上看，树种需要生长健硕、无病虫害的壮年母树。

2.适时采收

根据种子的成熟程度适时采收，切记未成熟的种子千万不能采收。判断种子是否能够成熟，如上文所述，从外形和颜色上判断，是否符合成熟的标准，软硬程度是否适中，种仁是否充实饱满等。对于经验丰富的操作人员，从外观上一眼便能识别出成熟与未成熟的种子。

（六）嫁接

1.嫁接方法分类

按接穗利用情况分为芽接和枝接。按嫁接部位分为根接、根茎接、二重接、腹接、高接和桥接。根接是指以根段为砧木的嫁接方法；根茎接是指在植株根茎部位嫁接；二重接是指中间砧进行两次嫁接的方法；腹接是指在枝条的侧面斜切和插入接穗嫁接（芽接也大都在枝条的侧面进行）；高接是指利用原植株的树体骨架，在树冠部位换接其他品种的嫁接方法；桥接是利用一段枝或根，两端同时接在树体上，或将萌蘖接在树体上的方法。

按嫁接场所分圃接和掘接。圃接又叫低接，是指在圃地进行的嫁接；掘接是指将砧木掘起，在室内或其他场所进行的嫁接，如嫁接栽培的葡萄常先在室内枝接，然后催根、扦插。

嫁接时，根据嫁接材料类型、嫁接部位、嫁接场所等综合运用嫁接方法。在砧木以上枝条的一侧，常用的嫁接方法是芽接和枝接。

2.嫁接时期

（1）春季

春季是万物复苏、苗木开始萌芽的季节，此时苗木的皮层可剥离，时间一般会在3月和4月。多数的果树在此时都能以枝条或带木质的芽片嫁接，使用接穗必须处于尚未萌发状态，并在砧木大量萌芽前结束嫁接。

（2）初夏

初夏的嫁接一般会在5月和6月进行，此时桃、杏、李、樱桃较多。华北地区可在此时采集柿树1年生枝下部未萌发的芽，进行方形贴皮芽接。

（3）夏秋

在7—8月，日均气温不低于15℃时进行芽接。我国中部和华北地区可持续到9月中下旬。接芽当年不萌发，翌年春季剪砧后培养成嫁接苗。

3.嫁接用具及材料

（1）芽接用具与材料

芽接用具有修枝剪、芽接刀、磨刀石、小水桶，包扎材料常用宽1.0～1.5 cm，长12～15 cm的塑料薄膜条。

（2）枝接用具与材料

枝接用具有修枝剪、枝接刀、手锯、劈刀、镰刀、螺丝刀、磨刀石、小水桶、小铁锤；包扎材料采用塑料薄膜条（随砧木粗度，比芽接用条宽且长），或特制的嫁接专用胶带。

4.枝接操作规程

（1）枝接时间

硬枝嫁接一般会在春季进行，接穗的保存要良好，要在其尚未萌芽时，嫁接可延续到砧木展叶后，一般都会在砧木大量萌芽前结束。嫁接的时间要适宜，避开砧木生长最旺时期，控制砧木生长，以防接穗生长不协调。枝接宜在果树萌发前的早春进行，因为此时砧木和接穗组织充实，温度湿度等也有利于形成层的旺盛分裂，加快伤口愈合。而芽接则应选择在生长缓慢期进行，以当年嫁接成活，来年春天发芽成苗为好。

（2）枝接操作程序

①劈接

劈接又称割接，适用于较粗砧木。在靠近地面处劈接，又称"土接"。劈接常用于苹果、核桃、板栗、枣等，是果树生产上应用广泛的一种枝接方法，在春季树液流动至发芽前均可进行。A.削接穗。将采下的穗条去掉上端不成熟和下端芽体不饱满的部分，按5～7 cm长，3～4个芽剪成一段作为接穗，然后将枝条下端削成2～3 cm长、外宽内窄的斜面，削面以上留2～3个芽，并于顶端第一个芽的上方0.5 cm处削光滑平面。B.劈砧木。先将砧木从嫁接口处剪（锯）断，修平茬口。然后在砧木断面中央切一垂直切口，长3 cm以上。砧木较粗时，劈口可位于断面1/3处。C.插接穗。首先将切口用刀揳入木质部撬开，把接穗厚的一面朝外，薄的一面朝内插入砧木垂直切口，要求砧木与形成层对齐，但不要将接穗全部插入砧木切口内，削面上端露出切面0.3～0.5 cm（俗称露白）。砧木较粗时，在劈口两端各插入1个接穗。D.捆绑。将砧木断面和接口用塑料薄膜条缠绑严密。较粗砧木要用薄膜方块覆盖伤口，或罩套塑料袋。

②切接

切接适用于直径1～2 cm的砧木，可用于苹果、桃、核桃、板栗等树种的嫁接。A.削接穗。在接穗下端先削1个3 cm左右的长斜面，削掉1/3木质部，再在长削面背后削1个1 cm左右的短斜面。两斜面都要光滑。B.劈砧木。将砧木从距离地面5 cm处剪断，选平整光滑的一侧，从断面1/3处劈一垂直切口，长约3 cm。C.插接穗。将接穗的长斜面向里，短斜面向外，插入砧木切口，使两者形成层对准、靠紧，接穗较细时，保证一边的形成层对准。D.包扎。将嫁接处用塑料条包扎绑紧即可。

③皮下接

把接穗插入砧木的皮层与木质部之间的嫁接方法。皮下接就是插皮接，为枣树上应用较多的一种嫁接方法，也适用于苹果、山楂、李、杏、柿等树种，是在砧木离皮而接穗不离皮时使用的一种方法，如接穗离皮时也可采用。在此基础上，又发展成插皮舌接和插皮腹接等方法。A.削接穗。剪一段带2～4个芽的接穗。在接穗下端斜削1个长约3 cm的长斜面，再在长斜面背后尖端削1个长0.3～0.5 cm的短斜面，并将长斜面背后两侧皮层削去少量，但不伤木质部。B.劈砧木。先将砧木近地面处光滑无疤部位剪断，削平剪口，然后在砧木皮层光滑的一侧纵切1刀，长约2 cm，不伤木质部。C.插接穗。用刀尖将砧木纵切口皮层向两边拨开。将接穗长斜面向内，紧贴木质部插入。长斜面上端应在砧木平断面之上外露0.3～0.5 cm，使接穗保持垂直，接触紧密。D.包扎。将嫁接处用塑料条包严绑紧即可。

④插皮舌接

接穗木质部呈舌状插入砧木树皮中，故称插皮舌接。此法和袋接不同的是接穗的皮不切除，而是包在砧木皮的外边，砧木要削去老皮，露出嫩皮，和接穗皮的内侧接合。这种方法，由于嫁接时不但要求砧木能离皮，而且接穗也要能离皮，所以接穗要现采现接。其嫁接时期一般安排在接穗芽开始萌动时较合适。A.砧木切削。将砧木在平滑无节处锯断或剪断，并将伤口削平。在准备插接的部位从下而上将老树皮除掉，露出嫩皮，然后在中部纵切刀。B.接穗切削。接穗宜预先蜡封，接穗开始萌动也可以蜡封，但要求蘸蜡速度快些。切削时接穗留2～3个芽，下部削2个长约4 cm的大斜面，削去部分约为1/2，使其保留部分的前端薄而尖。然后用大拇指及食指捏下接口的两边，使其下端树皮与木质部离。C.接合。将接穗木质部尖端插入已削去老皮的砧木形成层处，从纵切口处插入，使接穗的皮在外边和韧皮部伤口贴合。这样接穗和砧木形成层相接，又和砧木韧皮部生活细胞相接。D.包扎。用长40～50 cm，宽为砧木切口直径1.5倍的塑料条幅捆紧。如果砧木粗壮拥有2个以上接穗则可用塑料口袋套上。但是在套袋之前也必须用塑料条捆绑固定，然后方可套袋。

⑤腹接

腹接是一种不切断砧木的枝接法，多用于改换良种，或在高接换头时增加换头数量，或在树冠内部的残缺部位填补空间，或在一棵树上嫁接授粉品种的枝条等。A.削接穗。在接穗下端先削1个长3～4 cm的斜面，再在其背后削1个2 cm左右的短斜面，呈斜楔形。B.劈砧木。在砧木离地面5 cm左右处，选光滑部位，用刀呈30°斜切一刀，呈倒"V"字形。普通腹接可将切口深入木质部；皮下腹接时，应只将木质部以外的皮层切成倒"V"字形，并将皮层剥离。C.插接与包扎。普通腹接应轻轻掰开砧木斜切口，将接穗长面向里，短面向外斜插入砧木切口，对准形成层，如切口宽度不一致，应保证一侧的形成层对齐密接；皮下腹接，接穗的斜削面应全部插入砧木切口面和砧木木质部外面，最后用塑料条绑紧包严即可。

5.嫁接后管理

（1）检查成活

芽接后10～15 d检查成活。凡是接芽新鲜，叶柄一触即落时，表明芽已接活；如果芽片萎缩，颜色发黑，叶柄干枯不易脱落，则未成活。枝接一般需1个月左右才能判断是否成活。如果接穗新鲜，伤口愈合良好，芽已萌动，表明已枝接成活。

（2）补接

芽接苗一般在检查成活时做出标记，然后立即安排进行补接。秋季芽接苗在剪砧时细致检查，发现漏补苗木，暂不剪砧，在萌芽前采用带木质芽接或枝接补齐。枝接后的补接要提前贮存好接穗。补接时将原接口重新落茬。

（3）解绑

芽接通常在嫁接20 d后解除捆绑，秋季芽接稍晚的可推迟到来年春季发芽前解绑。解绑的方法是在接芽相反部位用刀划断绑缚物，随手解除。枝接在接穗发枝并进入旺盛生长后解除捆绑，或先松绑后解绑，效果更好。

（4）剪砧

剪砧是在芽接成活后，剪除接芽以上的砧木部分。秋季芽接苗在第二年春季萌芽前剪砧。7月以前嫁接，需要接芽及时萌发的，应在接后3 d剪砧；要求接芽下必须保持10个左右营养叶或在嫁接后折砧，15～20 d剪砧。剪砧时，剪刀刃应迎向接芽一面，在芽面以上0.3～0.5 cm处下剪，剪口向接芽背面稍微下斜，伤口涂抹封剪油。

（5）抹芽除萌

芽接苗剪砧后，应及时抹除砧木上长出的萌蘖，并且要多次进行。枝接苗砧木上长出的许多萌蘖也要及时抹除。接穗如果同时萌发出几个嫩梢，仅留1个生长健壮的新梢培养，其余萌芽和嫩梢全部抹除。

（七）果苗矮化中间砧二年出圃技术

果苗矮化中间砧是经过两次嫁接而成，采用常规技术育苗需3年才能出圃。生产上为降低成本、加快育苗进度，可采用2年出圃技术，即第一年春播培育乔砧实生苗，7月芽接矮化砧；第二年春季萌芽前剪砧，6月中下旬芽接栽培品种；接后3～10 d剪砧，秋后成苗出圃。具体技术要点如下。

1.壮砧培育

育苗地选在平整、疏松、肥沃处。首先施足基肥，精细整地。秋播或早秋播种，加强土肥水管理，使砧木苗7—8月达到嫁接标准。第二年春季萌芽前剪去砧木顶端比较细的部分，加强管理，使矮化砧苗6月中旬高度达到50 cm以上，苗高30 cm处直径达0.5 cm以上。

2.嫁接要及时

实生砧苗第一年嫁接矮化砧必须在9月中旬以前将未嫁接活的苗补齐。第二年6月中旬在矮化砧苗上芽接栽培品种，最迟6月底以前接完。嫁接采用带木质露芽接。在操作中尽量保护好接口以下矮化砧苗上的叶片。

3.剪砧要及时

栽培品种芽接3 d后剪砧，或接后立即折砧，15～20 d剪砧。剪口涂封剪油，25 d后解绑。

4.加强肥、水管理

播种前每亩施优质农家肥5000 kg，砧苗高100 cm左右时开沟施尿素5 kg，6

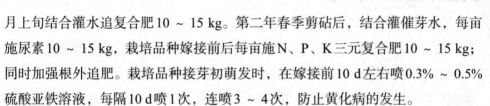

月上旬结合灌水追复合肥10～15 kg。第二年春季剪砧后，结合灌催芽水，每亩施尿素10～15 kg，栽培品种嫁接前后每亩施N、P、K三元复合肥10～15 kg；同时加强根外追肥。栽培品种接芽初萌发时，在嫁接前10 d左右喷0.3%～0.5%硫酸亚铁溶液，每隔10 d喷1次，连喷3～4次，防止黄化病的发生。

5.覆盖地膜

覆盖地膜在第二年春季剪砧、追肥、灌水和松土后进行，将接芽露出，地膜拉展覆盖地表，周围用土压实。

第三节　扦插苗培育、压条育苗与分株育苗

一、扦插苗培育

（一）影响扦插成活因素

1.内部因素

（1）树种与品种

果树种类与品种不同，其再生能力强弱也不同。葡萄、石榴、无花果的再生能力强，而苹果、桃等果树再生能力弱。同一树种，枝和根的再生能力也不同。葡萄枝条容易生发不定根，而根系不易萌发不定芽，因此它们常用枝插而不用根插；枣、柿、苹果等则相反，根插易生枝，而枝插不易生根。同一树种不同品种的再生能力也表现出不同。

（2）树龄、枝龄和枝条部位

幼树和壮年母树的枝条，扦插成活率高，生长良好。一般枝龄越小，再生能力越强。大多数树种1年生枝的再生能力强，2年生枝次之，2年生以上枝条再生能力明显减弱。西洋樱桃采用喷雾嫩枝插时，梢尖部分作插条比新梢基部作插条的成活率高。

（3）营养物质

插条发育充实，木质化程度高，营养物质含量高，则再生能力强。通常枝条中部扦插成活率高，枝条基部扦插成活率次之，枝条梢部扦插不易成活。

（4）植物生长调节剂

不同类型生长调节剂如生长素（IAA）、细胞分裂素（CTK）、脱落酸（NAA）等对根的分化有影响。IAA对植物茎的生长、根的形成和形成层细胞的分裂都有促进作用。IAA（吲哚乙酸）、IBA（吲哚丁酸）、NAA（萘乙酸）都有促进不定根形成的作用。CTK在无菌培养基上对根插有促进不定芽形成的作用。ABA在矮化砧M26扦插时有促进生根的作用。一般凡含有植物激素较多的树种，扦插都较易生根。在生产上，对插条用生长调节剂（如IBA或ABT生根粉等）处理可促进其生根。

（5）维生素

人体中需要维生素，植物生长也需要维生素的营养。维生素在植物生长过程中起着重要作用，影响植物的生长、细胞分裂、成花及衰老的过程。例如B族维生素（B_1硫胺素，B_6吡哆醇）主要在电子传递方面起作用，影响植物细胞的分裂，如果缺乏则细胞分裂基本停止。

植物生长中维生素不能直接从外界获得，植物根系细胞膜对物质的吸收具有选择性，分子比较大的维生素，不能通过根系细胞膜。一些小分子的维生素，例如维生素C和B族维生素可以被植物根系吸收。

一般来说，植物体中的维生素可以从植物自身新陈代谢过程中产生。植物从土壤和空气中吸收各种元素，通过自身代谢来合成植物生长所必需的各种大分子，其中包括维生素。

2.外部条件

（1）温度

温度包括气温和土壤温度。白天气温为21℃～25℃，夜间约15℃时有利于硬枝扦插或压条生根。北方由于春季气温升高快于土温，因此解决春季插条成活的关键是采取措施提高土壤温度，使插条先生根后发芽。插条生根适宜土温为15℃～20℃或略高于平均气温3℃～5℃。但各树种插条生根对温度要求不同，如葡萄在20℃～25℃的土温条件下发根最好，而中国樱桃则以15℃为最适宜。

（2）湿度

扦插湿度包括土壤湿度和空气湿度。土壤湿度在田间最大持水量的50%～60%为宜。空气湿度在80%以上。补充湿度可采用洒水或喷灌的方式，有条件的地方可进行喷雾。

（3）氧气

扦插基质中的氧气保持在15%以上时对生根有利，葡萄达到21%时生根最有利。应避免土壤中水分过多，造成氧气不足。

（4）光照

弱光照条件有利于扦插成活，在强光条件下扦插的枝条极易出现失水干枯死亡现象。在扦插时，应避免强光直射，常用草帘、遮阳网等搭棚遮阳。在绿枝扦插时，有条件时最好采用全光照喷雾育苗。

（5）土壤

土壤质地的好坏直接影响扦插成活率。扦插地应选择结构疏松、通气良好、保水性强的沙质壤土。一般生产上常采用珍珠岩、泥炭、蛭石、谷壳灰、炉渣灰等作扦插基质。

（二）扦插生产技术

1.硬枝扦插

硬枝扦插以春季为主，是生产中常用的一种方法。

（1）插条的采集与贮藏

落叶果树插条一般结合冬剪采集。在晚秋和初冬时，贮藏在湿土中，是为了方便春季萌芽前使用。而葡萄比较特殊，需要在伤流前采集。枝条要求充实，芽饱满，无病虫害。贮藏时，将枝条剪成50 ~ 100 mm长，50 ~ 100根捆成1捆，标明品种、采集日期，湿沙贮于窖内或沟内，贮温为1℃ ~ 5℃，湿度10%。

（2）扦插时间

在春季发芽前，在3月下旬，15 ~ 20 cm深土层地温达10℃以上时为宜。

（3）扦插方式、方法

将条泡进水中，待生根后埋入土中，或直接将条插入土中。直插时顶端侧芽向上，填土压实；斜插时插条向南倾斜10°左右，顶芽向北稍露出地面；灌足水，水渗下后再薄覆一层细土。覆盖地膜时将顶芽露在膜上。在干旱、风多、寒冷的地区插后须培土2 cm左右，覆盖顶芽，待芽萌发时扒开覆土；气候温和湿润的地区，插穗下端可露出1 ~ 2个芽。

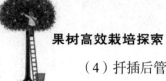

（4）扦插后管理

①灌水抹芽

发芽前保持一定的温度和湿度。土壤缺墒时适当灌水，但不宜频繁灌溉。灌溉或下雨后，及时松土除草。成活后一般只保留1个新梢，其余及时抹去。

②追肥

生长期（4—10月）追肥1～2次。第一次在5月下旬至6月上旬。每亩施入人粪尿10～15 kg；第二次在7月下旬，每亩施入复合肥15 kg，并加强叶面喷肥，生长前期（4—6月）间隔20 d叶面喷施0.2%～0.3%尿素，后期（7—10月）间隔15 d叶面喷施0.3%～0.5%磷酸二氢钾。

③绑梢摘心

葡萄扦插育苗，每株应插立1根2～3 m长的细竹竿，或设立支柱，横拉铁丝，适时绑梢，牵引苗木直立生长，如果不生长接穗，在新梢长到80～100 cm时摘心。

④病虫害防治

注意防治病虫害，具体防治方法同前。

2.绿枝扦插

绿枝插（嫩枝）即采用生长阶段的枝条进行扦插。又根据是木本还是草本而分为软材料插和半软材料插两种。软材料插是采用草本材料，如一串红、金鱼草、五色苋、百日草、福禄考、菊花、石竹、万寿菊、秋海棠、天竺葵等。半软材料插是采用如一品红、绿萝、发财树、月季、龟背竹、山茶、五叶地锦、栀子、米兰、茉莉等。

（1）扦插时间

扦插时间在生长季。为提高成活率，确保当年形成一段发育充实的苗干，一般在6月底以前进行，最好不晚于麦收后。

（2）插条采集与处理

选生长健壮的幼年母树，在早晨或阴天采集当年生尚未木质化或半木质化的粗壮枝条。将采下的嫩枝剪成长5～20 cm的枝段。上剪口于芽上1 cm左右处剪平，要求剪口平滑；下剪口稍斜或平。为减少蒸腾耗水，除上端留1～2片叶，其余叶片全部除去，大叶型还要将叶片剪去1/2。插条下端用IBA、IAA、ABT生根粉等处理，使用浓度一般为25 mg/kg，浸12～24 h。

（3）扦插技术

绿枝扦插宜选用河沙、蛭石等通透性能好的材料作基质。一般要在温室式塑料大棚等处集中培养生根，然后移至大田。扦插材料一般冬季进行湿藏，春季进行露地扦插，也可春季随采随插。扦插时间、方法和插后管理同硬枝扦插。但应注意防寒防旱。

二、压条育苗和分株育苗

（一）压条育苗

压条繁殖几个月时间就可以得5年或10年树龄的枝条，而且是母株上的精华部分，这就是压条繁殖最大的魅力。压条育苗是在枝条与母株不分离状态下，将其压入土中或包埋于生根介质中，使其生根后，与母株剪断脱离，成为独立植株的技术。该方法多用于扦插生根困难的树种。一般按压条所处位置分为地面压条和空中压条，其中，地面压条又分为直立压条、水平压条和曲枝压条等。

1.直立压条

直立压条法又称垂直压条或堆土压条。苹果和梨的矮化砧、樱桃、石榴、无花果、李等果树均可采用此法繁殖。现以苹果矮化砧的压条繁殖为例说明。春季开沟做垄，沟深、宽均为30 ~ 40 cm，垄高30 cm，将矮化自根苗定植于沟内，株距30 ~ 50 cm。萌芽前，母株留2 cm短截，促发萌蘗。当新梢长到15 ~ 20 cm时进行第一次培土，培土高度约10 cm，宽25 cm。培土时对过于密集的萌芽要适当使其分散。培土后还要灌水，并适当在行间施腐熟有机肥和磷肥。培土后约1个月，新梢长达40 cm左右时，进行第二次培土。培土高约20 cm，宽40 cm，培土后注意保持土堆湿润。一般培土后20 d左右开始生根，入冬前即可分株起苗。先扒开土堆，对每根萌蘗在母株基部留2 cm剪截，未生根的萌蘗也应同时剪截。起苗后培土，第二年春继续进行繁殖。

2.水平压条

水平压条又称开沟压条，适用于枝条柔软、扦插生根较难的树种，如苹果矮化砧、葡萄等。具体方法是：早春发芽前，选择母株上离地面较近枝条，剪去梢部不充实部分。然后开5 ~ 10 cm深的沟，将枝条水平压入沟中，用枝杈固定。

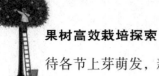

待各节上芽萌发，新梢长至20～25 cm且基部半木质化时，在节上刻伤。随新梢增高分次培土，使每一节位生发新根，秋季落叶后挖起，分节剪断移栽。

3.曲枝压条

曲枝压条同样适用于枝条柔软、扦插生根较难的树种。在春季萌芽前或生长季新梢半木质化时进行。在压条植株上，选择靠近地面的2年生枝条，在其附近挖深、宽各为15～20 cm沟穴，沟穴与母株距离以枝条中下部能弯曲压入穴内为宜。然后将枝条弯曲向下，靠在穴底，用沟状物固定，在弯曲处环剥。枝条顶部露出穴外。在枝条弯曲部分压土填平，使枝条入土部分生根，露在地面部分萌发新梢。秋末冬初将生根枝条与母株剪截分离。

4.空中压条

空中压条在生长季都可进行，但以春季4—5月为宜。适用于木质较硬而不宜弯曲、部位较高而不宜埋土的枝条及扦插生根较难的珍贵树种的繁殖。具体方法是：选择健壮直立的1～3年生枝，在其基部5～6 cm处纵刻或环剥，剥口宽度2～4 cm。在伤口处涂抹生长素或生根粉，再用塑料布或其他防水材料卷成筒套在刻伤部位。先将套筒下端绑紧，筒内装入松软的保湿生根材料如苔藓、锯末和沙质壤土等，适量灌水，然后将套筒上端绑紧。其间，注意经常检查，补充水分保持湿润。一般压后2～3个月即可长出大量新根。生根后连同基质切离母体，假植于荫棚等设施内，待根系长大后定植。这种方法育苗成活率高，方法简单，容易掌握，但也存在繁殖系数低、对母体损伤大且大量繁殖苗木具有一定困难的缺点。生产上空中压条可作为快速培育盆栽果树的好途径；苹果、梨、葡萄等果树易形成花芽枝条，环剥或刻伤处理，促其生根，形成花芽，脱离母体后第二年便可开花结果。

（二）分株育苗

分株育苗就是利用母株的根蘖、匍匐茎、吸芽等营养器官，在自然状况下生根后切离母体，培育成新植株的无性繁殖方法。这种繁殖方法因树种不同存在一定的差异。一般包括根蘖繁殖法、匍匐茎繁殖法和新茎、根状茎分株法。

1.根蘖繁殖法

根蘖繁殖法适用于根部易发生根蘖的果树，如山楂、枣、樱桃、李、石榴、树莓、杜梨和海棠等。一般利用自然根蘖在休眠期栽植。具体方法是：在休眠期或萌芽前将母株树冠外围部分骨干根切断或刻伤，生长期加强肥水管理，促使根蘖苗多发旺长，到秋季或立春分离归圃培养。按行距70～80 cm、株距7～8 cm栽植，栽后苗干截留20 cm，并进行精细管理。新栽幼苗继续发生萌蘖，其中一些进行嫁接，不够嫁接标准的，次春再度分株移栽，继续繁殖砧苗。

2.匍匐茎繁殖法

匍匐茎繁殖法适用于草莓等果树。草莓的匍匐茎在偶数节上发生叶簇和芽，下部生根接地扎入土中，长成幼苗，夏末秋初将幼苗与母株切断挖出栽植。

3.新茎、根状茎分株法

新茎、根状茎分株法同样适用于草莓等果树。具体方法是：草莓将果采收后，当地上部有新叶抽出，地下部有新根生长时，整株挖出，将一二年生根状茎、新茎、新茎分枝逐个分离成为单株定植。

分株育苗应选择优质、丰产、生长健壮的植株作为母株，雌雄异株树种应选雌株。分株时尽量少伤母株根系，合理疏留根蘖幼苗，同时加强肥水管理，促进母株健旺生长，保证分株苗质量。

第三章　套袋栽培技术

第一节　套袋对果实品质的影响

一、套袋促进果实着色

果实的色泽，取决于果皮叶绿素、类胡萝卜素、花青苷的含量、比例和分布状况。对于红色果实，果皮花青苷的合成对果实着色起着决定性作用。套袋可影响果皮色素的形成，显著提高果实外观品质，特别是不易着色的品种。果实的颜色可分为红、黄、绿三种，其中红色果实较受消费者欢迎，栽培种类也最多，通常所说的着色问题主要是针对红色果实而言的。以红色苹果品种红富士为例，当着色面在80%以上时，果实的可溶性固形物为15.2%、硬度为9.5 kg/cm^2；着色面在50%左右时，分别为13.9%、9.7 kg/cm^2；着色面低于20%时，分别为12.1%、9.9 kg/cm^2。这充分说明，红色果实着色好，综合品质就高。

果实呈现不同的颜色，是由于果皮中含有不同色素。果皮中的色素按化学结构类型可分为二大类：一是吡哆色素，有叶绿素；二是多烯色素，包括类胡萝卜素；三是酚类色素，包括花青素、花黄素等。果皮中的色素或者溶解于细胞液中，或者结合于某些细胞器中。叶绿素和类胡萝卜素只含在质体内，分为无色和有色两类。无论哪一类色素，都是在组织发育过程中由原生质体形成的，在光的影响下发育成叶绿体。随组织的衰老、叶绿素分解，有色体也转化为黄色或红色。花青素和黄酮类物质主要溶于细胞液中，有的细胞膜中也含有少量的花青素和类黄酮。对于绿色果实而言，果皮内主要含有叶绿素，叶绿素是自然界中最基本的色素，黄色果实主要含有类胡萝卜素，而红色果实则三大类色素都含有。

酚类色素存在于细胞的液泡或细胞质中，主要包括花色素和类黄酮（花黄素类）。现已知的花色素有20余种，都是下列3种花色素的衍生物：天竺

葵色素，即花葵素，鲜红色，λ_{max}=520nm；矢车菊色素，即花青素，深红色，λ_{max}=535nm；飞燕草色素，即花翠素，浅蓝紫色，λ_{max}=546nm，其中苹果果皮中主要是花青素。自然界中还有这3种花色素的甲氧基取代衍生物，主要是芍药色素、牵牛色素、锦葵色素。

花色素主要与糖（主要是单糖，也有二糖、三糖）结合，以糖苷的形式存在于自然界中，除糖苷降解产物外，游离的花色素极少。根据A、B、C环上羟基的位置和数量不同，可形成大量衍生物。现已知的花色苷达250种。花色苷也可以酰化形式存在，酰化因子主要有醋酸、β-香豆酸、咖啡酸、阿魏酸和芥子酸\β-羟基苯酸、丙二酸和己酸等。

花黄素主要是黄酮及其衍生物，称为黄色类黄酮，已近400种，浅黄色至无色，偶为橙黄色。类黄酮泛指两个芳香环通过三碳链相互连接而成的一系列化合物，包括黄酮类、黄酮醇类，而花色素本质上属于类黄酮，其生成代谢过程必然与整个类黄酮代谢密切相关。类黄酮，在果实中与糖结合成糖苷（如栎精苷、槲皮苷）；在黄色果实中，与类胡萝卜素类作为主要颜色，决定果实的外观；在红色果实中，则与胡萝卜素类作为辅助色素，构成果实的颜色。

（一）套袋对光敏素、叶绿素等的效应

果皮中花青苷的合成必须有光的存在，是通过光受体作为媒介的，因此，光受体的种类和浓度会直接影响花青苷的合成及积累。以苹果为例，苹果果皮中花青苷的合成存在两种光反应：一是高照度反应（HIR），二是随后的一个低能反应。高照度反应的受光体为光合系统，它需要高强度的可见光及近可见光的持续照射（数小时至数天）。低能反应的光受体是光敏色素，受红光、远红光及暗期的调节。因此，我们可以认为花青苷合成的光受体至少应包括光敏素，光敏素是花青苷合成最重要的光受体之一，光敏素的含量多少会直接影响到花青苷的合成。

光敏素有两种存在形态，即吸收红光的类型Pr和吸收远红光的类型Pfr。Pr不具有生理活性，而Pfr具有生理活性。红光将Pr转换成Pfr，Pfr吸收远红光后变为Pr。光敏素存在生成与降解的平衡，光可以降解光敏素，高温可加速其分解，而低温、缺氧、乙烯或蛋白质合成抑制剂可降低其分解速率。研究表明，果实经套袋遮光后光敏素含量会大大提高。果实经套袋后，袋内光强比袋外显著变

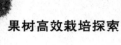

弱，而且果实所处微域环境比较稳定，这些都显著降低了光敏素的降解速率。

套袋果与不套袋果相比，果皮叶绿素的含量大大降低。果实套不同类型的纸袋后，果皮叶绿素a、叶绿素b、总叶绿素的含量均低于对照。

红色果实果皮中除含有花青苷外，还有叶绿素、类胡萝卜素等其他色素。其中，叶绿素属于质体色素，存在于叶绿体中。叶绿素是一种以镁为核心的卟啉类化合物，主要包括叶绿素a（青绿色）和叶绿素b（黄绿色），比例约为3：1。果实呈绿色，就是由于含有叶绿素，是鲜度标志。一般认为，果实叶绿素含量高表明果实蛋白质代谢旺盛，花青苷合成严重受阻。果实进入成熟期开始迅速着色前，往往果皮叶绿素会分解加速，底色失绿变黄。例如新红星苹果果皮着色前果皮叶绿素含量降至最低。由此可以认为，叶绿素对花青苷的合成具有抑制作用。叶绿素的合成与维持需要光的存在，因此，果实在套袋遮光后叶绿素含量会大大降低，果面呈现乳白色至淡黄色。

果皮中的类胡萝卜素，主要以1：3.5的比例与叶绿素共存于叶绿体中。类胡萝卜素是一类植物色素，包括胡萝卜素、叶黄素等，黄色苹果的果皮中含有类胡萝卜素。类胡萝卜素的生物合成同样需要光照条件，与叶绿素类似，套袋后也降低了果皮中类胡萝卜素的含量。套袋果实的可溶性糖、可滴定酸、可溶性固形物含量，与不套袋果相比均有不同程度下降，但果肉硬度稍有提高，糖酸比有较大程度的提高。套袋果果皮中花青苷的含量，比不套袋果稍有下降。

（二）套袋对果实酚类物质及相关酶的效应

在不同地区对果实套袋，较大幅度降低了果皮中多酚氧化酶的含量。多酚氧化酶有催化酚类物质氧化的作用，活性降低有利于酚类物质的维持，可能具有延缓套袋果实中花青苷降解的作用。栖霞套袋果过氧化物酶（POD）的活性较不套袋果升高，但苯丙氨酸解氨酶（PAL）在不同地区表现不一致，栖霞套袋果升高，而泰安套袋果较对照果降低。已知POD与果实的抗氧化系统有关，PAL被认为是苹果花青苷合成的关键酶之一，为多种多酚及类黄酮合成提供前体，二者活性升高均有利于果皮花青苷的形成。PAL活性在两地区之间（不同纸袋）表现不一致，说明此酶可能受气候（主要是摘袋后）、纸袋种类等影响较大。

良好的气候条件及优质纸袋（如适宜透光光谱）可增加酚类物质代谢强度，有利于花青苷形成，从而增进着色。花青苷含量与类黄酮、水溶性酚含量密切相关，因为花青苷本质上属于酚类物质。不利的气候条件及劣质纸袋（如仅限于物理遮光），则达不到套袋促进着色的目的。通过研究套袋对酚类物质代谢相关酶的影响，发现PPO的降低，POD和PAL的升高，均有利于增加果皮中酚类物质的含量，从而促进花青苷形成。

（三）套袋对果皮花青苷合成的效应

遮光袋主要用于需要着色的红色果实。套袋对花青苷合成的影响分为两个阶段，套袋期显著抑制其合成，摘袋后花青苷迅速合成。不套袋果虽然着色时间较套袋果长很多，但着色前期果皮花青苷积累十分缓慢，着色后期花青苷合成速度也远远不及套袋果，花青苷合成高峰期不明显，至采收时其含量往往低于套袋果。

套袋对于果实着色的影响有两个显著特征：一是去袋后果皮花青苷合成异常迅速且着色均匀一致；二是排除了叶绿素的干扰，改善了花青苷的显色背景，使色调鲜明。在果实花青苷形成第二次高峰即进入果实成熟期，去袋后，大大提高了果实对光（尤其是紫外光）的反应敏感度，因此花青苷形成迅速。据李秀菊研究，套袋红富士苹果摘袋以后，花青苷含量迅速升高，摘袋后8 d花青苷含量上升到最高值，以后基本维持在较高水平。直至摘袋后20 d采收，对照果花青苷含量则呈缓慢增长趋势。由于套袋果实摘袋后是在短期内着色，且排除了其他色素的影响，以及农药、灰尘等对果面的污染，因此，果实着色鲜明且均匀。

果实套袋抑制花青苷合成，与抑制花青苷合成结构基因的表达有关，同时叶绿素和其他酚类物质的合成也受阻。光照是苹果果皮花青苷合成的必需因子，通过光受体启动花青苷合成的基因。摘袋后花青苷迅速合成的可能机制：一方面，套袋可能提高果实光敏色素水平，因为光可降解光敏色素，黄化组织比正常组织光敏色素水平可提高100倍，结构与正常组织内的光敏色素也不一样，而光敏色素是花青苷合成的光受体之一；另一方面，果皮叶绿素吸收大量红光，可降低光敏色素的调控效率。套袋后叶绿素形成显著减少，降低了叶绿素对花青苷形成的屏蔽效应，或者说提高了果皮对光的反应敏感度，所以套袋黄化了的果实与绿色果实相比，需要较少的光辐射花青苷就能大量形成。另外，套袋黄化了的苹果照光后，表皮和亚表皮几乎同时形成花青苷，对照果实则首先在表皮形成花青苷，然后随果实成熟渐渐内移，这可能也是套袋能促进着色的原因之一。

果实的糖代谢对花青苷合成具有十分重要的作用，同一品种着色好的果实糖含量也高，糖是花青苷合成的前体物质：花青苷由花青素和糖形成，而花青素又是在糖代谢的基础上生成的；糖也可作为信号物质，诱导花青苷合成的基因表达和调节酶的活性。苹果套袋后糖含量一般降低1%左右，可能与果皮本身的光合作用有关；套袋后果实所受逆境减弱，果实积累糖分下降；套袋抑制了光合产物向果实内的运输，如苹果的蔗糖和山梨糖醇下降最为显著。选择好适宜的摘袋时期和时机尤其重要，一般应在果皮花青苷合成最快的时期摘袋，同时考虑当时的光照状况、气温状况等，难以着色的红富士苹果在成熟季节，选择夜间温度低、昼夜温差大时摘袋，可迅速着色。

（四）套袋对梨、葡萄、桃的效应

梨套袋后避免了外界不良环境条件对果皮的直接刺激，从而显著降低了酚类物质代谢的关键酶多酚氧化酶（PPO）和过氧化物酶（POD）的活性，因此，套袋果与不套袋果相比，果点和锈斑显著减少。果皮叶绿素的合成必须有光存在，套袋遮光后叶绿素合成大大减少，对于赤梨品种有利于红色的显现。对果实品质影响最大的是果袋的透光率和透光光谱，纸袋遮光性越强，套袋果果皮颜色越浅，果点和锈斑越浅、小、少。

对于着色葡萄品种来讲，果实着色面积和浓度是判断成熟度的重要因素。在生产中，无袋栽培很难做到使整个果穗全部均匀着色。葡萄按成熟时的果面颜色，可以分为白色、红色和黑色品种。红色和黑色品种，果实着色程度取决于花色苷的积累量。在对果穗进行套袋后，使果实着色更加充分、艳丽。对黑色品种而言，即使带袋采收，也能够较好di着色。

桃果实套袋后，果实着色面积大、着色均匀、色泽艳丽，全红果比率高。寒露蜜桃、中华寿桃等只有果肩部分着暗紫色或基本不着色，发育期长。中华寿桃套双层袋的果实，着色指数分别为78.6%～81.3%，对照果为46.7%。套4种单层袋，着色指数与对照果差别不大。未套袋的果实，呈紫红色且暗。

二、套袋改善果实外观

果实套袋除促进着色外，还对果皮结构、光洁度等产生影响。苹果果皮结构可划分为角质层（覆有蜡质）、表皮、下表皮及茸毛（只存在于幼果期）、皮孔（幼果期为气孔）等，发生果锈的苹果也由木栓层产生。其中，蜡质、角质层、皮孔、木栓层、木栓形成层和栓内层的形成，与果实酚类物质的代谢密切相关。果皮结构状况直接影响到果面光洁度。套袋后果皮发育稳定、和缓，表皮层细胞排列紧密。套袋遮光，抑制了PAL、PPO、POD等木质素，蜡质、角质层等合成酶的活性，因此，表皮层细胞分泌蜡质少，木质素合成减少，皮孔发生少且小。套袋除能防止果锈，使果点变小外，还能预防果面的煤污斑、药斑、枝叶磨斑等。

桃套袋会减少煤污病的发生，果面绒毛少而短。葡萄果穗套袋后，不仅避免了灰尘污染，而且保持了果粉完整。

三、套袋影响果实品质

果实套袋后温度升高，同化物的代谢、运转速率和各种酶的活性会受到影响，可溶性固形物、可滴定酸、糖类、淀粉、矿质元素等的含量均会发生变化。

套袋对果实可滴定酸的影响不一。相同条件下，红将军苹果套单层袋时，可滴定酸含量高于未套袋果；套双层袋和膜+纸袋时，可滴定酸含量下降。石榴和砀山梨套袋后，可滴定酸含量明显高于未套袋果。

例如在套袋红富士果实的发育过程中，可溶性总糖、蔗糖、果糖和葡萄糖含量始终比未套袋果低。

套袋能使果实中淀粉含量有所下降。以红富士为例，短枝红富士套袋后，果实中淀粉含量随着生长发育而减少。套袋果淀粉含量均低于未套袋果，其中双层袋果实淀粉含量最低。在红富士苹果摘袋后的迅速着色期，各种可溶性糖、有机酸的含量均显著低于对照果，其中蔗糖和山梨醇含量降低最为明显，而葡萄糖和果糖含量差异相对较小，有机酸含量差别不明显。

套袋对果实矿物质元素含量具有影响。例如套袋对锦丰梨幼果和成熟果的氮、磷含量无明显影响，而钾、钙、镁含量则明显下降。

四、套袋降低果实农药残留

套袋对蛀果害虫如食心虫类、卷叶虫类、螨类、蝽象类及梨象、污果的梨木虱等，对于果实病害如轮纹病、炭疽病、赤星病、黑星病等，都有较好的防治效果。套袋果中农药残留有明显降低，套袋果实的果心和果肉中农药残留减少最多，果皮次之，但套袋并不能完全避免农药残留。陈合等测定结果表明，不套袋苹果的重金属含量明显高于套袋苹果，套单层纸袋苹果的重金属（Pb、Cd、Cr）含量高于套双层纸袋苹果，重金属主要集中在果皮中。另外，套袋可以明显降低果实有机磷和有机硫含量。

五、套袋改善果实贮藏性

影响果实耐贮性的因素较多，如树种、品种、栽培管理水平、环境条件、病虫防治技术、采收技术，以及贮藏的温度、湿度、气体成分等。生产过程中，通过果实套袋可以改变果皮结构，延缓果皮蒸腾失水的速度，减轻病虫害侵害，从而增强果实的耐贮性。果皮结构对果实的耐贮性有重要影响。果实散失水分主要通过皮孔和角质层裂缝，而角质层是气体交换的主要通道。角质层过厚，则果实气体交换不良，二氧化碳、己醛、己醇等大量积累而发生褐变；过薄，则果实代谢旺盛，抗病性下降。套袋后皮孔覆盖值降低，角质层分布均匀一致，果实不易失水皱皮。套袋可降低果实贮藏期的腐烂率，可能与多种因素有关，如机械损伤、温度、酶活性和采收前的病虫危害等。套袋有利于果实贮藏期硬度的保持。

六、套袋降低裂果率与提高优质果率

（一）套袋降低裂果率

梨的裂果通常发生于生长发育后期，表皮层细胞分生能力减弱，果实内部生长应力增大，果皮不能适应而发生裂果。套袋能防止裂果的原因，主要是减轻了果皮所受的不良环境条件刺激，同时套袋果实内钾元素显著增加，有助于调节细胞水分。

中华寿桃果实发育期长（发育期180天），果实长期受不良气候因素、病虫害、药物的刺激和环境影响，表面老化，很容易发生裂果。套袋能延缓果实表皮细胞、角质层、细胞纤维等的老化，使果实保持在相对稳定的环境中。据朱更瑞等调查，套袋可以有效防止油桃裂果，采用牛皮纸袋和白纸袋均无裂果与流胶，仅报纸袋有10%裂果，均为极浅的细条纹，无流胶；对照裂果严重，为纵横交错，且部分裂果发生流胶。桃无袋化栽培的条件之一是选用无裂果特性的桃品种。

（二）套袋提高优质果率

套袋后可防止灰尘、农药等对果面的污染，以及煤污病等。另外，套袋还可防止鸟雀、大金龟子、大蜂类等的危害，以及防止冰雹伤果等。套袋前结合疏果，几乎无残次果，因此大大提高了果实的等级果率。根据近年来对套袋红富士苹果市场调查显示，套袋果售价比未套袋果高2～3倍。桃套袋果果肉中的纤维和红色素大大减少，果实成熟一致，适于加工成高档罐头制品。

第二节　套袋果树花果管理

一、提高坐果率措施

（一）人工辅助授粉

苹果、梨自花授粉结实率很低，进行人工辅助授粉可显著提高坐果率。果树的花期短，尤其在花期遇到阴雨、低温、大风及干热风等不良气候条件，造成严重授粉受精不良时，人工授粉效果会更好。

1.采花

在栽培品种开花前，选择适宜的授粉品种，采集含苞待放的铃铛花带回室内。采花时要注意不要影响授粉树的产量，按疏花的要求进行。采花量根据授粉面积来定。

2.采取花粉

采回的鲜花立即取花药，操作时将两花互相对搓。把花药放在光滑的纸上，去除花丝、花瓣等杂物，准备取粉。大面积授粉可采用花粉机制粉。取粉方法有三种。一是阴干取粉。将花药均匀摊在光滑洁净的纸上，放在相对湿度60%～80%、20℃～25℃的通风房间内，经2天左右花药即可自行开裂，散出黄色的花粉。二是火炕增温取粉。在火炕上垫厚纸板，放上光滑洁净的纸，纸上平放一温度计，将花药均匀摊在上面，保持22℃～25℃，一般1天左右即可取粉。三是温箱取粉。取一纸箱（苹果箱、木箱等），箱底铺一张光洁的纸板或报纸，放上温度计，摊匀花粉，悬挂一个60～100瓦灯泡。调整灯泡高度，使箱

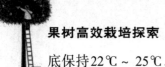

底保持22℃ ~ 25℃，经24 h左右即可取粉。干燥好的花粉连同花药壳一起，收集在干燥的玻璃瓶中，放在阴凉干燥的地方备用。

3.授粉方法

花开放当天授粉坐果率最高，因此要在初花期即全树约有25%的花开放时就抓紧开始授粉，授粉要在9—16时进行。同时，要注意分期授粉，一般于初花期和盛花期授粉两次效果比较好。

一是点授，用旧报纸卷成铅笔样的硬纸棒，一端磨细成削好的铅笔样，用来蘸取花粉，也可以用毛笔或橡皮头。花粉装在干净的小玻璃瓶中，授粉时将蘸有花粉的纸棒向初开的花心轻轻一点就行。一次蘸粉可点3 ~ 5朵花，一般每花序授1 ~ 2朵。

二是花粉袋撒粉。将花粉混合50倍的滑石粉或地瓜面，装在两层纱布袋中，绑在长竹竿上，在树冠上方轻轻振动，使花粉均匀落下。

三是液体授粉。将花粉研细过筛，每1 kg水加花粉2 g、糖50 g、尿素3 g、硼砂2 g，配成悬浮液，用超低量喷雾器喷雾。注意悬浮液要随配随用。

授粉时要保持花粉良好的生活力，注意采粉、取粉过程中阴干、加温等环节，避免花粉受到高温灼伤。一次授粉结束后，剩余花粉易黏结，及时带回室内晾干，放在玻璃板上碾碎，以便再用。花药干燥散粉后，要连同花粉囊一起用纸包好，或放入玻璃瓶内，扎紧瓶口，放置干燥阴凉处备用。若花期遇雨，要冒雨抢时间授粉，并且单花的授粉量要适当增加，同时增加授粉次数，开一次花授一次粉，以减少不良天气造成的损失。

（二）花期喷肥与加强栽培管理

1.花期喷肥

增加花期营养，可以明显提高坐果率。苹果的生理落果主要是因树体储藏的营养不足造成的，因此，在加强土壤施肥的基础上，应在早春树上补充适量的速效氮肥。如花期和幼果期各喷一次0.3%尿素，或花期喷两次0.3%硼砂混加0.3%尿素，花后喷50×10^{-6} ~ 100×10^{-6}的细胞分裂素（6-BA）。

2.加强栽培管理

（1）环剥或环割

环剥即环状剥皮，就是将枝干上的皮层剥去一圈的措施。环割即环状割伤，

是在枝干上横割一道或数道圆环，深至木质部的刀口。环剥、环割暂时隔断了树体上、下部正常的营养交流，根的生长暂时停止，根的吸收力减弱。同时阻止养分向下运输，能暂时增加环剥、环割口以上部位碳水化合物的积累，并使生长素含量下降，从而抑制当年新梢营养生长，促进生殖生长，有利于花芽形成和提高坐果率。

花期（春季开花前至花后10天）在旺枝、徒长枝基部环剥、环割，上强树在一层主枝以上的中干上环剥，旺长新梢摘心，集中养分供应，不仅可以提高坐果率，而且可以增大果个。

（2）花前复剪

复剪是在芽子萌动至花期前进行，是冬季修剪的一个补充措施，主要用于调整花量。当苹果树小年时，冬季修剪花芽难以识别，复剪既可以不误剪花芽，又可疏除无用枝条；当冬季修剪留花芽过多时，复剪可减少营养消耗，有利于提高坐果率和果实品质。复剪时，可以去弱留强、去直留斜，兼顾更新结果枝组的作用，花前复剪对调整小年树更为重要。

二、疏花疏果与合理负载

（一）疏花疏果

1.以花定果法

以花定果能够促使树体健壮，增强抗病力，减轻或克服"大小年"结果现象，保证丰产稳产、果个大、果桩高、果品质量好，是提高果品质量的关键技术之一。

疏花要于花序分离期开始，至开花前完成，越早越好，一次完成。按每20~25 cm留1个花序，多余花序全部疏除。疏花时要先上后下、先里后外，先去掉弱枝花、腋花和顶头花，多留短枝花。然后疏除每花序的边花，只留中心花，小型果可多留1朵边花。

采用以花定果法必须具有健壮的树势和饱满的花芽，冬季要进行细致修剪，剪除弱枝弱花芽，选留壮枝饱满芽；另外，果园内授粉树数量要充足，配备要合理，同时进行人工辅助授粉，以确保坐果率。

2.间距疏果法

疏果要在谢花后10天开始，20天内完成。这样不仅能节省大量营养，促进幼果发育和枝叶生长，提高果品产量和质量，而且有利于花芽分化和形成，做到优质、丰产、稳产。同时严格控制留果量，防止过量结果。

苹果根据品种、树势和栽培条件，合理确定留果间距和留果量。大型果苹果品种如元帅系、红富士系等，每隔20 ~ 25 cm留1个果台，每台只留1个中心果，壮树壮枝每20 cm留1个果，弱树弱枝每25 cm留1个果。小型果品种每台可留2个果，其余全部疏掉。疏果时要先去掉小果、病虫果和畸形果，保留大果、好果。

梨疏果时按照距离定果，即每隔20 ~ 25 cm留一果形端正、下垂边果。光照条件好的斜生枝可20 cm留一果，荫蔽枝、下垂枝25 cm留一果。套袋梨园果实易发生日烧病，疏果后叶果比应比不套袋梨园稍大一些，以利于蒸腾水分，降低温度。一般叶果比保持在30：1 ~ 60：1，品种之间有较大的差别。早熟品种、大果型品种、叶片较小的西洋梨叶果比宜大些，晚熟品种、中小果型品种叶果比宜小些。

桃树花芽多，开花坐果率高，若任其自然结果，会造成负载量过大。结果过量，果个小，品质差，而且树体消耗养分多，树势弱，翌年结果少。因此，必须注意疏花疏果，控制其负载量。疏花劳动效率高，节省养分，有利于所留花的坐果和幼果前期发育。

桃疏花以疏蕾为主，在花蕾开始露红、开花前4 ~ 5天进行。此期只须用手指轻拨，即可去掉花蕾。在长果枝上疏掉前部和后部花蕾，留中间位置的花蕾。短果枝和花束状果枝则去后部花蕾，留前端的。双花芽节位只留1个花蕾。所留花蕾最好位于果树两侧或斜下侧。一般长果枝留5 ~ 6个，中果枝3 ~ 4个，短果枝和花束状果枝留2 ~ 3个，预备枝上不留蕾。一般疏果分两次进行，第一次疏果在第一次生理落果之后，谢花后20天的5月上旬进行。疏掉发育不良、畸形、直立着生果和小果、无叶果，留生长匀称的长形大果。第二次疏果也称定果，谢花后5 ~ 6周的5月下旬至6月上旬，第二次生理落果后、硬核前进行。

定果做到按产定果，按树按枝留果。一株桃树应留多少果比较适宜，能依据的参数有枝果比、叶果比和果间距等。例如特大型果如中华寿桃、十月红叶果比应为50：1，或果间距为20 cm。中密度园片管理较好的成年树，每亩产量

可控制在3000 kg左右，每株平均在50 ~ 60 kg，以2个果为500 g计。中、大型果如寒露蜜、燕红，叶果比为25∶1 ~ 30∶1，果间距15 ~ 20 cm，每亩产量可控制在3000 kg左右。小型果如早香玉，以3.5 ~ 5个果为500 g计，叶果比为15∶1，果间距为15 cm。

一般葡萄花序整形在开花前完成。花序整形包括去副梢，掐穗尖，确定留穗长度或留蕾数等。对巨峰等品种的花序整形，应先除去副穗和上部3节的小支梗，再对留下的支梗中的长支梗掐尖，一般在7 ~ 9 cm长处掐穗尖，所留支梗数以12 ~ 13节为宜。对一些粒松，但果粒不如巨峰大的品种，基本方法与巨峰相同，但所留支梗节数可稍多些（15 ~ 16节），以保证有足够的穗重。红提等坐果率高、果穗紧的大果穗品种，应去掉副穗和花序基部3 ~ 4节的一节支梗，以避免坐果后果穗过紧。

葡萄疏穗的时间越早越好，一般在盛花后15 ~ 20天，把坐果不好的穗、弱枝上的穗疏除；按1个结果枝保留1个果穗的标准，疏去多余的果穗，强壮的结果枝可保留2穗。疏穗工作要在果粒软化期前结束。

葡萄疏粒前先进行果穗整形，即把果穗上比较松散的几个副穗和1/5 ~ 1/4的穗尖剪除。对大果穗可以把支轴每隔1个去掉1个，使果穗饱满紧凑、大小整齐、形状均匀。将搁置在枝蔓及架材上的果穗进行调整，使其垂直向下。

疏花疏果技术要因树制宜，对于授粉条件好、坐果率高的果园，可以采用先疏花、后定果的方法，即按照留果标准选留壮枝花序，把多余花序全部疏除，坐果后再定果；对于授粉条件差、坐果率较低的果园，可以采用一次性疏果定果的方法。如果前期留花留果过多，到7月上、中旬时可明显看出超负荷，要坚决后期疏果。

（二）合理负载

套袋栽培要求严格控制负载量，果实分布均匀合理。果实与树体枝条的分布是一致的，尽量使套袋果均匀分布在枝条的下方，最大限度降低纸袋遮光对叶片生长造成的不良影响，同时避免阳光直射果实。

留花留果的标准，应根据品种、树龄、管理水平及品质要求来确定。

1.依据主干截面积确定留花果量

树体的负载能力与其树干粗度密切相关，可以此为依据计算苹果树适宜的留花、留果量。

$$Y=（3 \sim 4）\times 0.08C^2 \times A \qquad\qquad （3\text{-}1）$$

式中，Y指单株合理留花、留果量（个）；3 ~ 4指每平方厘米干截面积留3 ~ 4个果（按每千克6个果计算）；C为树干距地面20 cm处的周长（cm）；A为保险系数，以花定果时取1.20，即多留20%的花量，疏果定果时取1.05，即多留5%的果量。

使用时，只要量出距地面20 cm处的干周，代入公式，就可以计算出该株适宜的留果个数。如某单株干周为30 cm，单株留花量=3×0.08×30²×1.20=259.2≈259（个），留果量=3×0.08×30²×1.05=226.8≈227（个）。

2.依据主枝截面积确定留花果量

以主干截面积确定留花果量，在幼树上容易做到，而在成龄大树上，总负载量在各主枝上如何分担就不容易掌握。因此，以主枝截面积确定各主枝适宜的留花果量。公式如下：合理留花量（个）=（3 ~ 4）×0.08C^2；合理留果量=（3 ~ 4）×0.066C^2，C为主枝基部处的周长（cm）。以上公式在3 ~ 8个主枝时都可以应用。

3.葡萄的标准产量

葡萄的标准产量是根据生产1 kg果实所需要的叶面积和一定栽培面积能够保持的叶面积计算出来的。生产中合理的负载量一般是凭经验得出的，例如巨峰葡萄以亩产800 ~ 1000 kg为宜，按平均穗重350 g计算，每亩保留2200 ~ 2900果穗比较适宜；奥林比亚等红色品种因为着色时需要较多的光照，而且糖度必须在18℃以上时才能着色良好，所以产量要稍低，一般达到巨峰的80%即可。据报道，巨峰葡萄在亩产2000 kg时，套袋效果十分明显，果实品质优良；亩产4000 kg时，果实品质严重下降，糖分不足，着色困难。

第三节　果实套袋技术

一、果实套袋前的管理措施

我国果实套袋栽培已有多年的历史，从引进国外果实袋到目前，我国自制多品种、多种类专用纸袋，从苹果果实套袋到多树种果实套袋，广大从业者边生产边研究，形成了一整套的果实套袋栽培技术体系，提高了果品的优质率，降低了农药残留，推动了出口创汇，增加了农民收入。

套袋要在树体枝量合理、病虫害防治有保障的前提下进行，否则，效果差且易出现病虫害。首先，在冬季修剪时就要注意调整树体结构，原则是树冠稀疏，通风透光良好，达到生长季节树冠下有"花影"；其次，农药不能直接喷到套袋果，病虫易繁殖，因此，应在套袋前全面均匀喷布 1～2 遍杀虫、杀菌剂；最后，果实套袋的目的是生产优质果品，为避免产生次级果，降低效益，浪费纸袋，应进行合理的疏花疏果。因此，果实套袋前重点工作是合理修剪、喷药及合理负载等。

（一）修剪技术合理

果实套袋栽培要求高光照树形和树体结构，果实套袋后遮光，势必影响树体的光照状况，传统的整形修剪方式应加以改进，否则，会造成树体光照状况恶化，叶片光合作用下降，枝条纤弱，花芽分化不良，果实品质下降，而且易助长果锈的发生，病虫滋生，严重影响套袋的效果。因此，套袋的果树要求枝条稀疏，层间距适当加大，以降低生长季叶幕的厚度。枝条分布掌握"三稀三密"的原则，即树体上部枝条稀，下部枝条密；外部枝稀，内膛枝密；大枝稀，小枝密。这样有利于光照进入内膛，达到立体结果的目的。果实套袋栽培要求树体矮化，单株树体结构和果园群体结构应合理。在加强土肥水管理的基础上，主要是通过合理的整形修剪来解决，这就需要一定的整形修剪标准。如套袋苹果树的整形修剪指标：覆盖率为 75% 左右；枝量为 10 万～12 万条（冬剪后 7 万～9 万条）；枝类组成是中短枝比例 90% 左右，其中一类短枝占总短枝量的 40% 以上，优质花枝率占 25%～30%；花芽量为花芽分化率占总枝量的 30% 左右，冬剪后花芽与叶芽比为 1∶3～1∶4，亩留芽量 1.2 万～1.5 万个；盛果期树新梢长度 35 cm，幼树 50 cm。

苹果套袋栽培具有高度集约化、规范化的特点，树体要矮化。若树体过高，人工授粉、疏花疏果、套袋、摘袋、采收及喷药等作业极不方便。一般要求大冠树树高在 3.5 m 以下，中冠树在 3.0 m 以下，小冠树在 2.5 m 以下。要做到因树修剪，随枝造形，有形不死，无形不乱。苹果丰产主要采用自由纺锤形、细长纺锤形、改良纺锤形及二层开心形等。

夏季修剪从萌芽开始至落叶前，采用刻芽、抹芽、摘心、扭梢、拉枝、拿梢、疏梢（枝）及环割（剥）等方法。秋季修剪，要使每枝的叶层光照均匀，各枝要有足够的空间，以便保证有足够的光照。这样在果实着色期内，即在除袋后，清除树冠内徒长枝，疏除外围竞争枝，以及骨干枝背上直立旺梢，是保证光照的重要手段。另外，在果实重力的作用下，树冠下部部分裙枝和长结果枝容易压弯下垂，可采用立支柱或吊枝等措施。冬季修剪在落叶后至萌芽前进行，主要目的是调整树体结构，复壮结果枝组，理顺从属关系，保障树体的通风透光。

（二）套袋前的病虫害防治

1.苹果套袋前喷药

苹果的定果套袋期，防治重点是早期落叶病、轮纹病、炭疽病、红蜘蛛、蚜虫、金纹细蛾、棉铃虫和桃小食心虫等。

谢花后喷布第一次杀菌剂。防治早期落叶病和霉心病，可以选用10%宝丽安1000 ~ 1500倍液，或者1.5%多抗霉素300 ~ 500倍液、50%扑海因1000 ~ 1500倍液、70%乙锰合剂300 ~ 400倍液等；防治轮纹烂果病，可用70%甲基托布津800 ~ 1000倍液，或25%炭特灵600 ~ 800倍液、轮纹净300 ~ 500倍液等；在白粉病发生的园片，可以混入20%粉锈宁3000倍液，喷布第二遍杀菌剂，防治早期落叶病、轮纹病和霉心病等。为防治苹果蚜虫，可喷布24%万灵水剂1000 ~ 1200倍液，或90%万灵可湿性粉剂4000 ~ 5000倍液、10%吡虫啉（扑虱蚜）3000 ~ 5000倍液；为防治金纹细蛾，可喷布20%杀铃脲（氟幼灵）8000 ~ 10000倍液，或25%灭幼脲3号2000倍液，兼治多种鳞翅目害虫。

经常发生苦痘病的果园，在坐果后每隔半个月喷一次氨基酸钙300倍液，悬挂桃小食心虫性诱芯。6月上旬根据预测预报情况，在雨后幼虫连续出土时地面撒施辛硫磷颗粒剂，每公顷果园用药30 ~ 37.5 kg。或地面喷施40.7%乐斯本400 ~ 500倍液，或50%辛硫磷200 ~ 300倍液，喷后浅锄耙平。

6月上旬是防治果实和叶部病害的关键时期，及时喷布一遍杀菌剂。此时如果全园已经完成套袋，可以喷施1∶2∶200波尔多液；如果尚未完成套袋，可以改喷70%甲基托布津800倍液或5%菌毒清300倍液。

2.梨套袋前喷药

套袋前必须严格喷一遍杀虫、杀菌剂，这对于防治果实套袋后的病虫害十分关键。

梨花序分离至小球期喷布杀虫剂，防治已孵化的梨木虱、黄粉虫若虫，以及梨蚜、红蜘蛛等。使用的药剂有0.5°Be石硫合剂、甲胺磷、水胺硫磷等。80% ~ 90%花瓣脱落时，喷布杀虫、杀菌剂。此时为梨木虱第一代若虫盛发期，

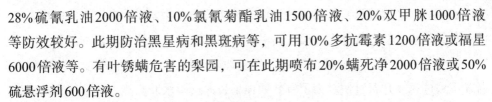

28%硫氰乳油2000倍液、10%氯氰菊酯乳油1500倍液、20%双甲脒1000倍液等防效较好。此期防治黑星病和黑斑病等，可用10%多抗霉素1200倍液或福星6000倍液等。有叶锈螨危害的梨园，可在此期喷布20%螨死净2000倍液或50%硫悬浮剂600倍液。

针对危害果实的病虫害，选择高效杀虫、杀菌剂。忌用油剂、乳剂和标有"F"的复合剂农药，慎用或不用波尔多液、无机硫剂、三唑福美类、硫酸锌、尿素及黄腐酸盐类等对果皮刺激性较强的农药和化肥。高效杀菌剂可选用单体50%甲基托布津800倍液、单体70%甲基托布津800倍液、10%宝丽安1500倍液、1.5%多抗霉素400倍液、喷克800倍液、甲基托布津+大生M-45.多菌灵+乙磷铝、甲基托布津+多抗霉素等。杀虫剂可选用菊酯类农药、对硫磷、敌敌畏、氧化乐果等，黄粉虫和康氏粉蚧发生较为严重的梨园，宜选用两种以上杀虫剂，如氧化乐果和敌敌畏乳剂。为减少打药次数和梨园用工，杀虫剂和杀菌剂宜混合喷施，如70%甲基托布津800倍液+灭多威1000倍液，或12.5%烯唑醇可湿性粉剂2500倍液+25%溴氰菊酯乳油3000倍液。

套袋前喷药重点在果面，但喷头不要离果面太近，否则压力过大易造成锈斑或发生药害。药液呈细雾状均匀喷布在果实上，应喷至淋洗状。待药液干燥后即可套袋，严禁药液未干即套袋，否则会产生药害。

（三）严格控制负载量

果实分布要均匀合理，留果过多会加重纸袋的遮光，因此要严格疏花疏果、合理负载。果实与树体枝条的分布是一致的，尽量使套袋果均匀分布在枝条的下方，避免遮光和日烧现象。

梨果套袋要求树体矮化，枝叶量降低，作业方便、高效。根据河北中南部梨区的经验，大、中冠树树高降至4 m以下，二层叶幕，叶幕厚度1～1.2 m，叶幕间距60～80 cm，亩枝量3万～4万个，叶面积系数为4左右。每亩留果量1.3万个，亩产控制在2500 kg左右。

二、纸袋类别及选择

（一）果实袋的构造

果实袋具有一定的耐候性和适宜透光光谱，且能防治果实病虫害，具有国家注册商标，经过技术监督部门的认可。果实袋质量主要取决于纸张的质量、规格和制袋工艺，具有强度大、风吹雨淋不变形、不破碎的特点；具有适宜的透隙度，避免袋内湿度过大、温度过高；果实袋颜色浅，反射光照较多，这样袋内温度不致过高或升温过快。为了有效增强果袋的抗雨水冲刷能力，要用防水胶处理。果袋用纸的透光率和透光光谱是重要指标，应根据不同品种、不同地区和不同的套袋目的，选用不同的纸袋。果袋还应涂布杀虫、杀菌剂，套袋后在一定温度下产生短期雾化作用，抑制害虫进入袋内或杀死进入袋内的病菌和害虫，以确保果实不受危害。

果实专用袋由袋口、袋切口、捆扎丝、袋体、袋底、除袋切线和通气放水孔等部分组成（图3-1）。袋切口的作用是便于撑开袋口，亦可把果柄固定在此处，以便果实位于袋体中央，防止果实与袋壁接触，引起日烧病、水锈等；为提高套袋效率，商品纸袋袋口一端均附有一段细铁丝，作为捆扎袋口用，称为捆扎丝；除袋切线的作用是除袋时撕开纸袋，可以大大提高除袋效率；通气放水口的作用是使袋内空气与外界流通，防止袋内温度过高、湿度过大。

要根据不同葡萄品种的穗型选用葡萄袋，一般有 175 mm × 245 mm、190 mm × 265 mm、203 mm × 290 mm 等规格，在袋上口附有一条长约65 mm的细铁丝做封口用，底部两角各有一个排水孔。用塑料薄膜制成的果袋还要有多个通气孔。

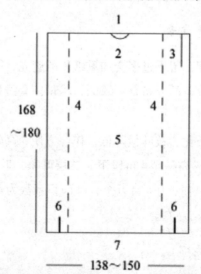

1.袋口；2.袋切口；3.捆扎丝；4.除袋切线；5.袋体；6.通风防水孔；7.袋底

图3-1　苹果果实袋构造（单位：mm）

（二）果实袋的种类

果实袋可以分为单层袋、双层袋和三层袋；按照果实袋的大小，可分为大袋和小袋；按照捆扎丝的位置，可分横丝袋和竖丝袋两种；按照袋口形状，可分平口袋、凹形口袋及V形口袋等。袋的遮光性愈强，促进着色的效果愈显著。一般双层纸袋比单层纸袋遮光性强，故促进着色、防病虫和降低果实农药残留量的效果均好于单层袋。三层袋的套袋效果更佳，但成本较高，仅有少量果农采用。

1. 双层袋

国外所用的双层袋，外袋是双色纸，外侧主要为灰色、绿色、蓝色，内侧为黑色。外袋起到隔绝阳光的作用，果皮叶绿素的生成在生长期即被抑制，含量极低。内袋由农药处理过的蜡纸制成，主要有绿色、红色和蓝色。我国生产的双层袋，外袋外侧灰色、内侧黑色，内袋为红色。

2. 单层袋

生产中应用较多。如我国台湾地区生产的单层袋，外侧银灰色，内侧黑色；大陆生产的单层袋外侧灰色，内侧黑色单层袋（复合纸袋）；木浆纸原色单层袋；黄色涂蜡单层袋；除商品果袋外，还有果农自己制作的自制袋，套袋效果也不错，制作时应该用全木浆纸，这种纸机械强度较高，可避免使用过程中纸袋破损，而不应该用草浆纸等。制作报纸袋时可用缝纫机缝制，并涂布一层石蜡或柿漆油，可增强抗雨水冲刷能力。

涂蜡木浆纸袋在高温季节袋内温度过高，较易发生日烧病；新闻报纸袋缺点是易破碎。

（三）苹果纸袋与梨纸袋

1. 苹果纸袋

气候条件如光照、昼夜温差、降水等，对套袋果有很大影响。因此，不同的气候环境条件，即使同一苹果品种应用的果实袋型也应有所差别。

如较难上色的红富士苹果，在海拔高、温差大、光照强的地区宜采用单层袋，促进着色的效果不错；在海洋性气候或内陆温差较小的地区，宜采用双层袋，促进着色。

高温多雨地区宜选用通气性良好的果实袋，防止袋内高温、高湿而诱发水

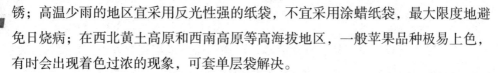

锈；高温少雨的地区宜采用反光性强的纸袋，不宜采用涂蜡纸袋，最大限度地避免日烧病；在西北黄土高原和西南高原等高海拔地区，一般苹果品种极易上色，有时会出现着色过浓的现象，可套单层袋解决。

2.梨纸袋

（1）梨纸袋的种类

按照果袋的层数，可分为单层、双层两种。单层纸袋只有一层原纸，重量轻，可有效防止风刮折断果柄，透光性相对较强，一般用于果皮颜色较浅，果点稀少且浅，不须着色的品种。双层纸袋有两层原纸，分内袋和外袋，遮光性能相对较强，用于果皮颜色较深的红皮梨品种，防病的效果好于单层袋。

梨果袋有大袋和小袋之分。大袋套袋后一直到果实采收。小袋亦称"防锈袋"，套袋时期比大袋早，坐果后即可套袋，可有效预防果点和锈斑。当幼果长到小袋所容不下时，即行解除（带捆扎丝小袋）。带糨糊小袋不必除袋，随果实膨大自行撑破纸袋而脱落。小袋在绝大多数情况下用防水胶黏合，套袋效率高，但也有用捆扎丝的。生产中也有小袋与大袋结合用的，先套一次小袋，再套大袋至果实采收。

梨纸袋按照果袋捆扎丝的位置，可分为横丝和竖丝两种；按涂布的杀虫、杀菌剂不同，可分为防虫袋、杀菌袋及防虫杀菌袋三类；按袋口形状，又可分为平口、凹形口及V形口几种，以套袋时便于捆扎、固定为原则；按套用果实，可分青皮梨果袋和赤梨果袋等；其他还有着色袋、保洁袋、防鸟袋等。

（2）纸袋类别的选择

梨品种资源丰富，各个栽培区气候条件千差万别，栽培技术水平各异，因此纸袋选择的好坏直接影响到套袋效果和经济效益。梨属资源异常丰富，栽培梨就有白梨、砂梨、西洋梨、秋子梨、新疆梨五大系统。因此，梨的皮色十分丰富，自然生产状态下梨果色泽大致可分为褐色、绿色、黄色、红色四种，其中绿色又有黄绿色、绿黄色、翠绿色、浅绿色等；褐色有深褐色、绿褐色、黄褐色；红色有鲜红色、暗红色等。对于外观不甚美观的褐皮梨而言，套袋显得尤其重要。除皮色外，不同梨品种果点和锈斑的发生也不一样，如茌梨品种群（以莱阳茌梨为代表）果点大而密，颜色深，果面粗糙；西洋梨则果点小而稀，颜色浅，果面较为光滑。因此，果农应根据品种、气候条件、果实形状、原果皮色泽、平均单果重、摘袋后要求的商品果果皮色泽等，选择相应的果袋。

①褐皮梨品种

褐皮梨品种宜一次性套外黄内黑的双层袋，套袋梨的果皮由褐色、粗糙变成淡褐色或褐黄色、细腻、洁净（表3-1）。

表3-1　适宜一次性套外黄内黑袋的梨品种

品种	平均单果重（g）	纸袋规格（mm）
南水	420	170×210
丰水	300	160×198
圆黄	350	165×200
华山（花山）	400	170×210
新高（星高）	400	175×210
爱宕	410	170×210
天皇	800	180×250
甘泉（甘甜）	350	165×200

②绿色梨品种

绿色梨品种套袋后商品果要求乳黄或金黄色的，应选择白色小蜡袋+外黄内黑的双层袋，第一次套小蜡袋，第二次套外黄内黑双层袋，相距30～40天；商品果要求淡绿色的，可将二次套袋改为外黄内白或外黄内黄的双层专用袋，套袋后的梨果既保留了原品种的绿色色调或色相，又使果面细嫩、美观。据有些果农试验，要改成淡绿色的也可进行一次性套袋，即不套第一次小袋，直接套一次性外黄内黄、外黄内白大袋，时间应适当早一些。

③黄色梨品种

黄色梨品种如琥珀、早生黄金、玛瑙等，用高张度防水单层牛皮纸专用袋，就可以达到皮质细嫩的效果。有些商品价值高的梨品种也可采用外黄内白或外黄内黄的双层袋。

④红色梨品种

红色梨品种如凯斯凯德、超红等品种，可套外黄内黑或外黄内红结构的双层专用袋，在采收前10～15天脱袋即变成鲜红色，果面细腻。

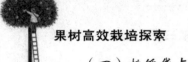

（四）桃纸袋与葡萄纸袋

1.桃纸袋

一般桃果使用白色、黄色、橙色纸袋，不同种类的纸袋对果实品质影响不同。果实袋规格为（13～15）cm×（17～20）cm。早熟或小果型桃用小袋，晚熟或大果型桃用大袋。

白色纸袋透光率高，可用于容易着色的品种；成熟期经常遇雨的地区宜选用浅色袋，不宜选用深色袋；南方多雨潮湿地区，应选用防水、透气性好、涂布绒杀菌剂的果实袋，防止果锈和青斑病发生。一般要求中、早熟品种或设施栽培时，使用白色或黄色袋；晚熟品种用橙色或褐色袋；极晚熟品种使用深色双层袋。容易着色的桃品种，可选用白色或黄色单层果实袋；难以着色的桃品种，要选用外白内黑的复合单层袋，或外层为外白内黑的复合单层纸、内层为白色半透明的双层袋。晚熟品种如中华寿桃，用双层深色袋效果最好。

2.葡萄纸袋

一般巨峰系葡萄采用专用的纯白色、经过羊水处理的聚乙烯纸袋；红色品种可用透光度大的、带孔玻璃纸袋或塑料薄膜袋；意大利、醉金香等绿色或黄色品种，一般选择黄色或黄褐色等深色果袋；为了降低葡萄的酸度，也可以选用能够提高袋内温度的玻璃纸袋、塑料薄膜袋等。

市场上葡萄果袋原纸的种类比较混杂，颜色有白色、浅蓝、浅黄、深黄等。纸袋的规格取决于葡萄果穗类型，果穗较小的品种纸袋也应小些，像红地球、藤稔等大果穗品种果袋相应较大。葡萄园所处地区气候条件不同，葡萄品种不同，对套袋的质地有不同的要求（如不同着色要求的葡萄品种，对套袋透光性的要求不同）。

根据不同地区的生态条件选用适宜的果袋，如在昼夜温差过大的地区和土壤黏重地区，红地球品种存在着色过深的问题，可采用黄色或黄褐色等深色果袋解决。红地球、克瑞森无核和意大利等品种设施延迟栽培，可选择深色果袋，以达到延长果实生育期、延迟果实成熟的目的。

三、果实套袋方法

（一）苹果、梨、桃套袋方法

果实套袋时的用力方向始终向上，以免拉掉幼果；袋口要扎紧，以免纸袋

被风吹掉。通常情况下，应选择着色较好、树势生长健壮的树进行套袋。即在自然条件下，套袋树骨干枝分布应合理，通风透光。树冠外围果着色面积能达到50%，内膛果能达到30%左右的苹果树，套袋后能生产出着色良好的果实；长势中庸偏弱的树，在无袋栽培条件下果实着色良好，但套袋后反而着色不良，且易发生日烧现象。原因是树体及果实的营养水平低，套袋果含糖量又低于不套袋果，影响了花青苷的合成；生长过旺的树，因果实贪长，延迟了成熟期而着色差，套袋以后改变了果实生长发育规律，成熟期可提前。

选定幼果后，手托纸袋，先撑开袋口，或用嘴吹，使袋底两角的通风放水孔张开，袋体膨起。手执袋口下3 cm左右处，袋口向上或袋口向下，套上果实。然后从袋口两侧依次折叠袋口于切口处，将捆扎丝反转90°，扎紧袋口于折叠处，让幼果处于袋体中央，不要将捆扎丝缠在果柄上。

为确保幼果处于袋体中上部，不与袋壁接触，防止蝽象刺果、磨伤、日烧，以及药水、病菌、虫体分泌物通过袋壁污染果面。套袋应十分小心，不要碰触幼果，造成人为"虎皮果"；不要用力过大，防止折伤果柄，拉伤果柄基部；或捆扎丝扎得太紧而影响果实生长，或过松导致果实脱落。袋口不要扎成喇叭口形状，要扎严扎紧，以不损伤果柄为度，防止雨水、药液流入袋内或病虫进入袋内。注意不要把叶片套进袋内。套袋时应"由难到易"，先树上后树下，先内膛后外围，防止套上纸袋后又碰落果实。就一株树或一个园片而言，最好全株或全园套袋，便于套袋后的集中统一管理。

套袋时尽量使果实在树体内分布均匀，一枝不可套袋过多，使果袋相互邻接。一个花序最好留单果，一个果袋只能套一果，不可一袋双果。因果实袋涂有杀虫、杀菌剂，套袋结束时应洗手，以防中毒。套袋时间最好选在9—11时、15时至日落前，避免在风雨天气操作。

（二）梨套小袋的方法

梨套小袋在落花后1周即可进行，落花后15天内必须套完，使幼果度过果点和果锈发生敏感期，待果实膨大后自行脱落或解除。由于套袋时间短，果实可利用光合作用积累碳水化合物，含糖量降低幅度小，节省套袋费用，缺点是果皮不如套大袋的细嫩、光滑。小袋分为带糨糊和带捆扎丝两种，后者套袋方法基本与大袋相同。下面仅介绍带糨糊小袋的套袋方法。

取一沓果袋，袋口向下，把带糨糊的一面朝向左手掌，用中指、无名指和小指捏紧纸袋，使拇指和食指能自由活动；用右手拇指和食指捏住袋的中央稍向下处，横向取下一枚；拇指和食指滑动，袋口即开，捏住果梗由带糨糊部位的一侧，将果实纳入袋中。

小袋使用的是特殊黏着剂，雨天、有露水、高温（36℃以上）或干燥时黏着力低。小袋应放在冷暗处密封保存，防止落上灰尘。小袋开封后尽可能早用，不要留作下一年再用，否则黏着力降低。另外，风大的地区易被刮落，应采用带捆扎丝的小袋。

四、套袋时期

一般果树生理落果后定果套袋，金帅以防锈为目的，而幼果期是果锈发生期，因此套袋应在落花后10天开始，10天内完成，否则防锈效果差；梨品种为防果锈（如黄金梨），减少果点大小，也应该在谢花后半个月套袋（先套小袋，再套大袋）。套袋时，将纸袋吹胀或用手撑鼓，保证果实在袋中央，以免果面与袋接触而被烫伤；袋口一边的铁丝应别在折叠好的袋口处，勿别于果柄或果枝上。

（一）苹果套袋时期

苹果套袋时期与方法掌握不当，会适得其反。依据苹果品种和套袋的目的不同，选择适宜的套袋时期。套袋果实发生日烧病与高温干旱有关，也与纸袋、树势、部位、管理水平等有关。为避开初夏高温干旱天气，防止日烧病，果农可采取以下措施：适当推迟套袋时间，或套袋前全园浇一遍水，提高墒情；加强土肥水管理，增强树体生长力；背上枝的果实不套，弱树不套。

（二）梨套袋时期

梨果点主要是由幼果期的气孔发育而来的，幼果茸毛脱落部位也形成果点。梨幼果跟叶片一样存在着气孔，能随环境条件（内部的和外部的）的变化而开闭。随着幼果的发育，气孔的保卫细胞破裂，形成孔洞。与此同时，孔洞内的细胞迅速分裂，形成大量薄壁细胞填充孔洞，逐渐木栓化并突出果面，形成果点。一般气孔皮孔化从谢花后10~15天开始，最长可达花后80~100天，以花后10～15天后的幼果期最为集中。因此，要想抑制果点发展，获得外观美丽的果实，套袋时期应早一些，一般从落花后10～20天开始套袋，在10天内套完。如果落花后25～30天才套袋保护果实，此时气孔大部分已木栓化变褐，形成果点，达不到套袋的预期效果（表3-2）。如果套袋过早，纸袋的遮光性过强，则幼果角质层、表皮层发育不良，光泽度降低，果个变小。果实发育后期果个增长过快，会造成表皮龟裂，形成变褐木栓层。

表3-2　鸭梨不同时期的套袋效果

落花后天数	果点	果锈	采后30天果面颜色
10	浅、小	浅	黄白
25	浅、稍大	浅	略黄
35	较浅、稍大	较浅	鲜黄
50	较深、较大	较浅	鲜黄
65	深、大	深	黄
不套袋	极深、最大	极深	深黄

由于外部不良环境条件刺激，表皮细胞老化坏死；或内部生理原因造成表皮与果肉增大不一致，而致表皮破损。表皮下的薄壁细胞经过细胞壁加厚和栓化后，在角质、蜡质及表皮层破裂处露出果面，成为锈斑。梨锈斑产生都在盛花后4周以内，在谢花后的3周内果面未形成斑点前，结合疏果套好第一次小袋，是解决锈斑的关键措施。一般套大袋的最佳时间在套小袋后的40天左右，即梨完成第一次生理落果后，一般山东胶东地区在6月20日前。褐皮梨品种只套一次双层袋，时间在6月下旬。

梨不同品种果点和锈斑的发育时期不同，因此套袋时期应有区别。果点大而密、颜色深的锦丰梨、茌梨，落花后1周即可套袋，落花后15天套完。为有效防止果实轮纹病的发生，西洋梨的套袋也应尽早，一般从落花后10～15天即可套袋。黄金梨等绿皮梨品种，应在盛花后30天以内，即谢花后10～20天果面未形成斑点时，结合第二次疏果套好小袋；第二次套大袋，应在第一次套小袋后40～50天进行，或在6月5日至20日期间只套一次双层纸袋。京白梨、南果梨、库尔勒香梨、早酥梨等果点小、颜色淡的品种，套袋时期可晚一些。梨不同品种果实斑点发展过程见表3-3。

表3-3　梨不同品种果实斑点发展过程

调查日期	绿皮梨品种	褐皮梨品种	中间色品种
5月1日	不形成斑点	不形成斑点	不形成斑点
5月10日	不形成斑点	果点多数斑点化	果点少数斑点化
5月23日	果点稍微斑点化	90%～100%斑点化	30%斑点化
6月2日	10%～30%果点斑点化	果点间斑点化增多	50%～90%斑点化
6月17日	大部分果点斑点化	果点间80%斑点化	果点间部分斑点化
6月27日	大部分果点斑点化	果点间全部斑点化	果点间50%斑点化

（三）桃与葡萄套袋时期

1.桃套袋时期

在疏果（定果）后、生理落果基本停止和当地主要蛀果害虫蛀果以前进行套袋。在病虫发生早的地区，易感病的品种、无生理落果的品种或早熟品种套袋要早，可在花后30天后开始套袋；生理落果迟或严重的品种要晚套，可在花后50～60天开始套袋。

2.葡萄套袋时期

一般在果实坐果稳定、整穗及疏粒结束后立即套袋，要尽可能早，赶在雨季来临前结束，以防止早期病害侵染及日烧。如果套袋过晚，果粒生长进入着色期，糖分开始积累，不仅病菌极易侵染，而且会发生日烧病和虫害。另外，套袋要避开雨后的高温天气。如果在阴雨连绵后突然晴天时立即套袋，会使日烧病加重，因此，要经过2～3天果实稍微适应高温环境后再套袋。

（四）摘袋时期

富士系品种宜在采收前30天左右摘袋，摘袋过早果实色泽晦暗，过迟色泽浅而且易褪色；新红星等元帅系品种宜在采收前15～20天摘袋，金帅、部分梨品种无须摘袋，绿色葡萄品种一般也无须摘袋；使用透光度高的纸袋，同样也无须除袋，对延迟采收的品种（如红地球）也可不去袋；红色品种可在采收前7～10天摘袋。在温差大的果产区，除袋时期应适当推迟。摘袋前3～5天，双层袋先去掉外袋，单层袋先打开袋底部或将纸袋撕成碎片，放风3～5天后再全部除掉，以防发生日烧病。

1.苹果摘袋时期

不同苹果品种，不同立地、气候条件，摘袋的时期也有所差异。

红色品种如新红星、新乔纳金，在海洋性气候、内陆果区，一般于采收前15～20天摘袋；在冷凉或温差大的地区，采收前10～15天摘袋比较适宜；在套袋防止果色过浓的地区，可在采收前5～7天摘袋。

较难上色的红色品种红富士、乔纳金等，在海洋性气候、内陆果区，采收前30天摘袋；在冷凉地区或温差大的地区，采收前20～25天摘袋为宜。

黄绿色品种，在采收时连同纸袋一起摘下，或在采收前5～7天摘袋。

另外，不同季节的日照强度和长度不一样，苹果摘袋时期也有差异。日照强度大、时间长和晴天多的地区或季节，摘袋时间可距采收期近一些；反之，则应尽早除袋，最好选择阴天或多云天气摘袋。若在晴天摘袋，为使果实由暗光逐步过渡至散射光，10—12时先去除树冠东部和北部的果实袋，14—16时再去除树冠西部、南部的果实袋，这样可减少因果面温度剧变而引起日烧。

2.梨摘袋时期

梨套袋含糖量有所下降，采前除袋能在一定程度上增加果实的含糖量，但效果不明显，而对于果点和果色却有明显影响。因此，对于在果实成熟期无须着色的梨品种应带袋采收，等到分级时再除袋。因套袋梨果皮比较细嫩，带袋采收可防止果实失水、碰伤果皮或污染果面。

对于在果实成熟期需要着色的梨品种，如红皮梨及褐皮梨，应在采收前20～30天摘袋。其余梨品种，可在采收前15～20天除袋。有些梨品种可不除袋，带袋采收。

3.桃摘袋时期

桃由于纸袋不同、品种不同，摘袋时期和方法有所不同。用于加工和能够在袋内着色的品种，多采用半透明白色或黄色袋。采收前不必摘袋，采收时连同纸袋一同摘下，装箱时除掉。袋内不着色或着色困难的品种如白桃，多使用遮光单、双层袋，采前10～15天摘袋；着色程度中等的品种如白凤、川中岛白桃，采前7～10天摘袋；着色容易的品种如川中岛、白凤、大久保，采前4～5天摘袋。日照差的地区、难上色品种可早些摘袋，采前1个月开始去外袋，采前3～5天后摘除内袋。一天中适宜摘袋时间为9—11时、15—17时。上午摘除南侧的纸袋，一定要避开中午日照最强的时间，以免日烧病。

4.葡萄摘袋时期

葡萄套袋后可以不去袋，带袋采收，也可以在采收前10天左右去袋，应根据品种、果穗着色情况及纸袋种类而定。红色品种因其着色程度随光照强度的减小而显著降低，可在采收前10天左右去袋，以增加果实受光，促进着色良好。

双层袋摘除时，先去掉外层袋，5～7天后再摘除内层袋。摘除内层袋，应在10—14时进行，而不宜选在早晨或傍晚。日烧病并非是因日光的直射，而是果皮表面温度的变化所造成的。选在中午摘除内层袋，此时果皮表面的温度与大气温度几乎相等或略高于大气温度，因而不至于产生较大的温差，可以避免日烧病。此外，若遇连阴雨天气，摘除内层袋的时间应推迟，以免摘袋后果皮表面再形成叶绿素。摘除单层袋时，先打开袋底放风或将纸袋撕成长条，3～5天后再全部摘除。

5.摘袋后的管理

套袋效果与除袋后的管理密切相关。纸袋摘除后，对须促进着色的树种、品种，采取摘叶、转果、铺反光膜等措施，以提高套袋效果。不采取这几项措施，套袋就达不到预期目的。摘叶就是将影响果实光照的叶片除掉，一般苹果可摘除全树叶片总数的20%～30%，摘叶过多会影响翌年产量及品质；转果就是将果实旋转180°，使果实阴面充分见光，以提高全红果率；铺反光膜是为了将太阳直射光反射到树冠内，使果实萼部、树冠北部或树冠下部的果实见光，从而获得全红果。

果实摘袋后不要喷波尔多液，以免污染果面。及时清除果园中的病虫果，树上喷施1～2次70%甲基托布津1000倍液，防止烂果。采收前不要喷施高残留农药。

梨树落叶后应喷一遍杀虫剂，特别是梨木虱危害重的梨园。此时梨木虱虫态一致，活动性差且虫体暴露，同时树体抗性增强，可加大用药浓度。喷药时力求细致，树体和地面都要喷到，树体应喷至淋洗状态。采用40%水胺硫磷乳油1000倍液、20%灭扫利乳油1500倍液、25%敌杀死乳油1500～2000倍液、5%来福灵乳油1000～1500倍液等。

休眠期的病虫害防治，要搞好清园工作，消灭越冬病虫源，压低病虫基数。清理地面废弃果袋、落果、枯枝败叶、杂草等。结合冬剪，剪除病虫枝、枯死枝、僵果、虫果、病果等，带出梨园集中烧毁或结合施基肥深埋。土壤封冻前梨

园浅刨，把越冬害虫翻出土壤冻死或让鸟啄食。有条件的梨园结合严冬灌水消灭在土缝中越冬的病虫，尤其是梨木虱越冬代成虫。早春以地膜覆盖树盘，阻止地下害虫出土和土壤中的病原菌上树，也可在树干上缠草绳诱虫，然后解下集中烧掉。

（五）促进果实着色

套袋苹果的着色管理是指摘袋后所采取的一系列促进着色的技术措施，主要有摘叶、转果和铺反光膜等。

1. 摘叶

摘叶是用剪子将叶片剪除，仅留叶柄即可，目的主要是摘除影响果实受光的叶片，增加果面受光面积。据试验表明，当树冠上部的摘叶程度为19%～59%，树冠下部的摘叶程度为34%～78%时，对富士果实的发育没有不良影响；树冠下部和下部北侧的果实，糖含量以摘叶的稍高。果实的花青苷含量，若以常规10月中旬摘叶为100，无论树冠上部的果实，还是树冠下部的果实，都以9月摘叶的较好，9月摘叶对翌年开花无不良影响。摘叶方法是：9月上旬开始对红星摘叶，红星摘叶完后，紧接着对富士摘叶，完成60%～70%叶面积；10月上旬红星、金冠采果结束后，摘除富士剩下的30%～40%叶面积。摘叶，以摘除果台基部叶为主，也应适当摘除果实附近新梢基部到中部的叶片，以增加果实的直接光照程度，有效促进果实着色。

2. 转果

转果的目的是使果实阴面也能获得阳光直射，而使全果面着色。除袋后1周左右转果一次，共转2～3次；对于下垂果，因为没有可使果实固定的部位，可用透明胶带连接在附近合适枝上固定住。转果时切勿用力过猛，以免扭落果实。

3. 铺反光膜

反光膜是指涂上银粉，具有反光作用的塑料膜。铺反光膜主要是使果实萼洼部位和树冠下部及树冠北部的果实也能受光，从而增加全红果率。据研究，铺反光膜明显增强了冠内下部的光照强度，平均反射光照强度比对照部分增大4倍多。反光膜从内袋摘除后即开始铺设。铺设反光膜之前进行第一次摘叶，并疏除徒长枝等，以增加光照。铺设方法是顺行间方向整平树盘，在树盘的中外部铺设两幅，膜外缘与树冠外缘对齐，再用装满土沙、石块或砖块的塑料袋压实，防止

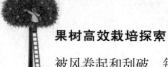

被风卷起和刮破，每亩铺设反光膜350 ～ 400 m²。

（六）提高套袋果实含糖量的措施

1.环境因子的调控

水分对果实发育及品质的影响具有双重性。土壤水分不足常降低果实的产量，但在果树生长的特定时期，适当控水常可以提高果实的品质。水分胁迫影响梨果实糖分的积累，果实发育后期水分胁迫影响可溶性固形物含量；早期水分胁迫会导致果实中葡萄糖、蔗糖和山梨醇含量下降。

果实品质与叶片制造和供给的碳水化合物有直接关系。如不同浓度的CO_2会影响温室内丰水梨的品质，长时间供应充足的CO_2可增加果实大小和重量，但对果实品质无显著的影响；短时间供应充足的CO_2虽不能明显改变果实的大小，但一含糖量增加。在果实膨大期充足的CO_2可增大果个，在果实成熟期果实膨大减缓，CO_2可增加含糖量。不同的气候环境条件，会影响梨的含糖量和成分组成。

光照是果树正常生长发育和结果的主要生态因子，充足的光照可有效改善树体营养状况，增强树体生理活力，提高果实产量和质量。如砀山酥梨成熟时，果实可溶性糖含量与光强呈显著正相关。

选用高光效树形，是生产高品质果实的必要条件。不同的树形对果实糖分积累与酶活性也有影响，含糖量、SS和SPS活性均以平棚形果实最高，"V"字形次之，疏散分层形最低。对丰水梨采取水平台阶式整形修剪，冠层开度、树冠下散射光的光量子通量密度、平均叶倾角均显著高于疏散分层形，而叶面积系数则低于疏散分层型；可溶性固形物、总糖、糖酸比值，分别比疏散层高20.2%、18.7%和29.8%。另外，棚架形栽培的丰水梨平均叶倾角，冠层开度，冠下直射、散射，以及总光合光量子通量密度显著高于疏散分层形，而叶面积系数极显著低于疏散分层形。棚架形树冠不同部位果实品质的一致性，优于疏散分层形。冠层开度大，光照好，结果枝条粗壮，是棚架果实品质优的主要原因。

2.栽培措施的调控

（1）培肥地力，增施叶面肥

套袋果园的肥水管理有别于无袋栽培，尤其是肥料的施用。由于果实套袋后含糖量下降，果农在增加有机肥料、减少氮肥的同时，应增加磷、钾肥的施用量。氮是植物生长发育最重要的营养元素之一，对器官构建、生理代谢过程具有重要作用。氮肥不仅会影响产量，还会显著影响果实品质。

如苹果施肥标准，应根据肥料的有效成分折算施肥量。亩产2500 kg以上的苹果园，有机肥要达到"斤果斤肥"的标准，即每生产100 kg苹果需施纯N 1.0 kg、P_2O_5 0.5 kg、K_2O 1.2 kg。

基肥的施用量占全年的60%～70%，是套袋苹果树最重要的营养来源。基肥以有机肥为主，须经过腐熟分解。秋季气温稍高，施肥时切伤的根系容易恢复，易增加部分树体营养，翌年春根系能很好地吸收利用。一般中熟品种如元帅系、金帅等，采收后即可施有机肥。晚熟品种如红富士等，宜在秋末、封冻前施完有机肥。在秋施基肥的同时，多施入磷肥、钾肥和钙镁肥等，以确保套袋果品质的提高。据王少敏等试验表明，长富2品种每株施不同量复合肥（N：P：K=12：12：17），对果实可溶性固形物含量具有不同影响。施多量肥（804 g）和中量肥（644 g+微肥）的套袋果，与未套袋果可溶性固形物含量差异不显著，而施低量肥（480 g）差异较显著，其次为中量肥不加微肥。

喷施叶面肥也可调控果实糖分的积累，从而提高果实品质。黄冠施用腐殖酸钾后，果实总糖、葡萄糖和果糖含量增加，但蔗糖含量下降；满天红喷施氨基酸液肥后，果实可溶性固形物含量显著高于对照果。不同浓度的菌糠黄腐酸均可显著提高苹果、梨可溶性固形物含量，使苹果、梨的品质提高。适量施氮肥能提高丰水梨可溶性总糖的含量，而过量施氮肥会降低果糖和葡萄糖含量，从而降低可溶性糖总糖含量。

生长季节和采收前叶面喷施微肥，可不同程度提高果实的含糖量。例如用苹果膨大着色药肥和稀土分别喷2～3遍，可增加果实的含糖量。

（2）果园生草

果园种植绿肥作物，有利于改良土壤，调节土温，增加土壤有机质，提高果实的品质。

（3）果园覆盖

覆草有利于表层根的产生，对于土层浅薄的果园尤为重要。覆草即把农作物秸秆、杂草、树叶等盖在地面上，厚度为15～20 cm。覆草后土壤温度平稳，并且有保水、透气，防止杂草丛生，不用耕锄等作用。覆草腐烂后不断释放出养分，对于提高土壤有机质含量，促进土壤团粒结构的形成，具有显著效果。草源充足时可全园覆草，草源缺乏时可在树盘内覆草。但是，覆草也给果园虫害提供

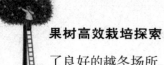

了良好的越冬场所，应加强病虫害防治。

（4）起垄栽培

对于地下水位过高，排水通气不良，容易积涝的果园可采用"起垄栽培"。在定植前根据栽植的行距起垄，垄背与垄沟间的高度差约为20 cm。果树栽植在垄背上，行间为垄沟，实行行间排水。起垄栽培的优点是有利于排水，果园通气性好，可防止积涝现象。

（5）适期采收

采收期也影响果实中糖含量，根据运输、贮藏和消费市场要求适期采收。过早采收，即在果实脱袋5～7天采收，会造成套袋红富士苹果口味淡、香气不足，可溶性固形物含量仅12%～14%，以浅红和粉红色为主，着色不正，果实达不到品种应有的标准，贮藏期苦痘病、黄皮、褪色严重；采收过晚，果实过熟发绵，不耐贮藏和运输。

第四章　果树施肥技术

第一节　果树的营养特点与施肥

一、概述

　　果树的营养需求与需肥较大田农作物有着明显的不同。果树是多年生植物，栽植在一个地方后，定位生长几十年，每年都要生长大量的枝、叶和果实，对土壤中的养分消耗很大。同时排出的一些废物，也影响着土壤环境。养分的吸收和废物的排出主要通过根系来完成，要施肥就必须了解果树根系的生长和营养特性。果树的一生有幼龄期、结果初期、盛果期、衰老期几个阶段，不同时期果树营养特点不同，对营养元素需求也不同；果树在年际间生长发育周期中，不同器官的生长发育也有一定的营养特点。要施肥就要了解果树生命周期和年际间不同生育期的营养特点与对养分的需求。果树一般都是结果的前一年就形成花芽，因此，果树产量不仅取决于当年树体的营养水平，同时又与前一年树体的营养积累有关，要施肥就要了解树体营养的积累与转换；不同果树形成的果实对养分的吸收有较为固定的比例，要施肥就要了解不同果树形成果实需要元素之间的比例与数量。果树需要多种营养元素，各种营养元素在果树体内发挥着特定的生理功能，要施肥就要了解这些元素的作用。只有较好掌握果树的这些营养特性，才便于人们制订合理的施肥方案，做到用地与养地相结合，培养树势与结果相结合，高产与稳产相结合，产量与品质相结合，进而实现树势健壮，抗逆能力强，高产优质，结果年限长。

二、果树根系的生长和营养特性

　　根是果树重要的营养器官，它不但对果树起着机械固定作用，更是果树的吸收和贮藏器官。果树根系可以从土壤中吸收水分和养分，供地上部生长发育所需，同时还能贮藏水分和养分，并能将无机养分合成为有机物质。有实验证明，根部可将从土壤中吸收的铵盐、硝酸盐等与叶子运来的光合产物，进一步合成为各种氨基酸的混合物；根部还能合成一些有机磷化合物，如核酸、磷脂、维生素等；还能合成某些特殊物质，如细胞激动素、赤霉素、生长素等生理活性物质，对地上部的生长与结果起着调节作用。根在代谢过程中可分泌一些酸性物质，溶解土壤养分，使之转化为易于吸收的有效养分。同时有些根系分泌物还有利于根际微生物的生存，可促进微生物活化根际土壤养分以被利用。果树根系、地上部与根际微生物是相互作用、相辅相成的。果树根系吸收水分和养分的数量与根的数量、内吸速度等诸多因素有关。因此，了解根系的构成与分布、生长习性，是合理施肥的重要筹码。

（一）果树根系的分类

1.从根系的发生及来源分类

从根系的发生及来源可分为三类：实生根系、茎源根系和根蘖根系。

（1）实生根系

实生根系是指种子胚根发育而成的根系或用实生砧木嫁接的果树的根系。一般主根发达，根系较深，生命力强，对外界环境有较强的适应能力。实生根系个体间的差异要比无性繁殖的根系大，在嫁接情况下，还受到地上部接穗品种的影响。

（2）茎源根系

茎源根系是指根系来源于母体茎上的不定根，生产上用扦插、压条繁殖的果树根系，如葡萄、无花果等均为茎源根系。其特点是主根不明显，根系较浅，生活力相对较弱，但个体间比较一致。

（3）根蘖根系

根蘖根系是指果树在根上能生发不定芽而形成根蘖，而后与母体分离形成单独个体的根系，如枣、石榴、山楂、樱桃等的分株繁殖的个体根系。其特点与茎源根系相似。

2.从根系所承担的主要功能分类

从根系所承担的主要功能可分为骨干根（主根、侧根）和须根（吸收根）。

（二）果树根系变化动态与施肥

1.根系的生命周期

果树的所有根系都经过发生、发展、衰老、更新和死亡的过程。寿命最短的根是吸收根，寿命最长的是骨干根，贯穿整个生命周期。从果树的整个生命周期来看，果树定植后先从伤口和根颈上发出新根，幼树阶段垂直根生长旺盛，到初果期时即达到最大深度，因此定植期要求大穴栽植，多施和深施农家肥，促进垂直根系生长、促早结果。结果以后开始扩穴，结合施肥。初果期以后的树以水平根为主，同时在水平骨干根上发生垂直根和斜生根，此期施肥要做到深浅结合、分层施用，促进水平根生长，控制垂直根旺长；到盛果期根系占有的空间达到最大，此时，根系的发生量也达到最大，施肥要注意深施促进下层根系发育，扩大根系吸收范围；盛果后期时，骨干根开始更新死亡，地上部也开始更新衰老，为了延缓根系衰老，要多施有机肥和适量氮素、磷素，促进根系更新。

2.根系年周期生长动态

果树根系在一年内没有自然休眠期，当环境条件适合时可以全年不断生长，但在不同时期的生长强度不同。根生长一方面受环境条件影响，另一方面与地上部相互间进行营养交换，所以根的生长还受地上部器官活动的制约，表现出生长高潮与低潮交替的现象。许多研究表明根的生长高潮与地上部的生长高潮相互交替，是树体营养物质的自身调节与平衡的结果。根系一年中有2～3次生长高峰，呈现曲线状态。总结为两种变化动态模式；一种是"双峰曲线"，另一种是"三峰曲线"。

（1）双峰曲线

双峰曲线指果树新根的发生在一年中有两次高峰，一次在5—6月，一般为新梢停长期；另一次是在秋季。梨、葡萄和苹果幼树的根系年周期生长动态多为双峰曲线。

（2）三峰曲线

三峰曲线指果树新根一年中有三次发生高峰，第一次高峰出现在萌芽前后，果树贮藏养分和温度等外界条件对其有较大影响；第二次高峰出现在春梢停长后的6月，此时果实尚未进入迅速膨大期，坐果的数量、新梢能否及时停长、果实的膨大期等因素可影响此次高峰的大小；第三次是在果实采收之后，随着贮藏养

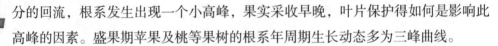

分的回流，根系发生出现一个小高峰，果实采收早晚，叶片保护得如何是影响此高峰的因素。盛果期苹果及桃等果树的根系年周期生长动态多为三峰曲线。

落叶果树根系与地上部生长发育之间的相互关系是复杂的。一般情况下，根系发生高峰与枝叶生长高峰及果实膨大高峰是错开的，是地上部与地下部争夺有机养分的结果，也是二者交替建造、互相促进的结果。当根系生长旺盛时，也是对营养元素吸收和有机物质合成的旺盛期。了解果树根系发生的动态，对于确定速效肥料的施用期特别重要。在果树发根高峰来临之前施肥不仅可提高养分利用效率，而且可增加根系对养分的吸收，为果树地上部下一个生长高峰提供充足的养分，保证其正常的生长发育。

3.依据果树根系变化动态施肥

果树根系变化动态与施肥关系密切，了解果树根系变化动态对于确定其最适施肥期有重要的意义。因为肥料主要通过吸收根来吸收，对速效肥料来说，其最大效益期是新根发生期，为了提高肥料利用率，速效肥料应在新根发生前施于根系周围。生产中，落叶果树往往提倡在萌芽前、膨果期（春梢停长后）和果实采收前后施三次肥，就是以此为据的。

三、果树年周期营养特点

一年中有春夏秋冬，果树有春花秋实，一年中有夏热冬寒，果树有夏长冬眠。随着一年中气候变化而变化的生命活动过程称为年生长周期。年生长周期营养特点可从两方面阐述：一是各物候期养分变化动态，二是营养物质积累与消耗的规律性变化。

（一）物候期的养分变化动态

在年生长周期中，果树随着四季气候条件的变化，有节奏地表现出萌芽、发根、开花、长枝、果实发育、落叶和休眠等一系列外部形态和内部生理变化，这种生命活动的过程称为生物气候学时期，简称物候期。

从大的物候期来看，果树可分为以下几个物候期，即根系生长物候期、萌芽展叶物候期、开花物候期、枝梢和叶片生长物候期、花芽分化物候期、果实生长和成熟物候期、落叶休眠物候期。

果树的物候期具有一定的顺序性，也有重叠性，在一定的条件下还有重演性。

物候期的进展，是在既具备必需的综合外界条件，又具备必要的物质基础的条件下才能正常进行的。因此，只有正确地了解和掌握果树各物候期养分变化动态，才能制定和实施合理、有效的施肥措施，为丰产优质提供物质基础。

1.萌芽展叶与营养

萌芽展叶物候期标志着果树相对休眠期的结束和生长期的开始。此期是从芽苞开始膨大起，至花蕾伸出或幼叶分离时止。

果树有一年一次萌芽和多次萌芽之别。原产温带的落叶果树一般一年仅有一次萌芽。原产于亚热带、热带，其芽具有早熟性的果树，如柑橘、枇杷、桃树等，则有周期性的多次萌芽。萌芽的早迟与温度、水分和树体的营养有密切关系。早春的萌芽由于有秋季贮藏的充足营养和适宜的温度，萌发整齐一致。后期芽萌发不整齐是因为受树体营养和水分条件影响。

一般树体的营养状况和萌芽之间的相关规律是：树势强健，养分充足的成年树萌芽比弱树和幼树早；树冠外围和顶部生长健壮的枝萌芽较内膛和下部枝早；土壤黏重，通透性不良或缺少肥料的树，根系生长与吸收不良，常迟萌发。芽的萌发和枝的生长也有一定相关性，由于所发枝的类型、习性不同（有结果枝、营养枝和徒长枝之分），其发枝和停长时期也不同，一般早发早停，迟发迟停。早停长枝有利于养分积累，形成花芽多；迟停长枝，一般养分积累少，形成花芽少，或不能成花芽。

应当注意，早春萌发，并不是越早越好，因为在萌芽过程中，树体内大量营养物质水解，向生长点输送，树体抗寒力减弱，易受晚霜和寒潮的冻害。因此，北方地区早春易受寒害的果园，采取灌水、涂白等措施，以降低树体温度，推迟萌芽开花，从而防止冻害。

2.开花与营养

开花期是指从果树有极少量的花开放到所开的花全部凋谢为止。在开花过程中需要授粉受精的果树种类及品种，其授粉受精良好与否，与产量关系极大。

在影响果树开花及授粉受精的诸多因素中，树体营养状况是重要因素之一。树体营养积累水平高，花粉发育良好，花粉管生长快，胚囊发育好，寿命长，柱头接受花粉的时间长，有效授粉期延长。若氮素缺乏，生长素不足，花粉管生长慢，胚囊寿命短，当花粉管达到珠心时，胚囊已失去生理功能而不能受精。因此，衰弱树常因开花多，花质差，而不能顺利进行授粉受精，产量很低。故生产上常在开花期对衰弱树喷施氮肥和硼肥，以促进受精作用，达到增产的目的。

一般果树花前追施氮肥，而开花期喷施尿素也可弥补氮素不足而提高坐果率。硼能促进花粉发芽，花粉管伸长，增强受精作用。花前喷施1%～2%硼砂或花期喷施0.1%～0.5%硼砂，以提高坐果率。

3.枝梢和叶片生长与营养

（1）枝梢生长

枝梢生长是果树营养生长的重要时期，只有旺盛的枝梢生长，才能有树冠的迅速扩大，枝量的增多，叶面积和结果体积的增大。因此，新梢的抽生和长势与树体结构、产量的高低和果树寿命密切相关。

枝梢的加长和加粗生长有着互相依赖、互相促进的关系。加长生长是通过新梢顶端分生细胞分裂和快速伸长实现的，加粗生长是次生分生组织形成层细胞分裂、分化、增大的结果。加粗生长较加长生长迟，其停止较晚。在新梢生长过程中，如果叶片早落，新梢生长的营养不足，形成层细胞分裂就会受抑，枝条的增粗也受影响。如果落叶发生在早期，而且比较严重，所形成的枝梢就成为纤弱枝。因为新梢的健壮生长有赖于树体贮藏营养，有赖于成熟叶片合成的碳水化合物、蛋白质和生长素，有赖于幼叶产生的类似生长素和赤霉素等物质。因此，枝梢的粗壮和纤细是判断植株营养生长期间管理好坏和营养水平高低的重要标志之一。

枝梢生长与根系活动关系极为密切，凡是有利根系旺盛活动的农业技术措施，均能促进枝梢生长。相反，凡是阻碍根系生长与吸收的技术措施，就能缓和或抑制枝梢生长。因此，生产上常采取对果树深翻断根来抑制枝梢生长，施肥灌水来促进新梢的生长。特别是氮肥的作用更为明显。氮肥不足则枝梢生长极弱，而氮肥过多则枝梢易徒长。合理施钾肥也有利于促进枝梢生长健壮结实，而钾肥过多有抑制作用。由于肥水和土壤管理对调节枝梢生长有突出作用，因此，土肥水管理是果树生产非常重要的农业技术措施。

（2）叶片生长

叶片是随着萌芽和枝条生长而增多与加大的。它是进行光合作用、制造有机养分的主要器官。叶片大小与叶原基的分化程度有关，同时也取决于叶片生长期的水分和营养条件。树体贮存养分充足及壮枝壮芽所产生的叶片大而肥厚，光合能力也强。

一般初期和后期形成的叶片由于生长期与速生期较短,叶面积较小;中期形成的叶生长期和速生期长,不仅利用贮藏养分,又处于当年大量制造养分的时期,叶片较大,光合能力较强。

叶片光合能力随叶龄增大而提高,刚停止生长的成熟叶片光合能力最强;随叶片衰老而光合能力降低,10月中旬以后下部老叶光合能力很低,但秋梢的大叶片光合能力仍较强。

树冠所着生叶片的总体称为叶幕。春梢上的叶片数多且单叶面积较大,所以春梢是构成叶幕的主要枝类,而春梢旺盛生长期是叶幕形成的主要时期。叶幕结构对光能利用情况影响极大。栽培上合理的叶幕结构应是总叶面积大,能充分利用光能而又不致严重挡光,使树冠内的最弱光照至少能满足果树本身最低需光要求。一般果树叶面积系数在5—8时是其最高指标,耐阴果树还可以稍高。叶面积系数低于3就是低产指标。但叶面积指数也只是表示光合面积和光合产量的一般指标,常因叶的分布状况而光合效能差异很大,这与品种、环境条件、栽培技术都有密切关系。树冠开张,波浪起伏,有利于通风透光,提高冠内枝叶比例,可有效增大光合面积。因此,要使果树优质、高产、稳产,果农在增大光合面积的同时,还要注意提高叶质,促进光合作用。

4.花芽分化与营养

花芽分化是果树年周期中一个重要物候期。花芽的数量和质量对果树的产量与果实质量有直接影响。

落叶果树的花芽多是在开花的上一年生长期内形成的。芽内生长点最初只形成叶原基,以后在发育过程中由于营养物质的积累和转化及激素的作用,在一定外界条件下一部分芽内的生长点分生组织发生转化,形成生殖器官——花或花序的原基,并逐渐形成花或花序。这种由叶芽状态转化为花原基到花或花序的分化过程,叫作花芽分化。花芽分化是一个由生理分化到形态形成的漫长过程。

大多数落叶果树如仁果类和核果类等花芽分化一年进行一次,一般在6—7月间开始花芽形态分化,第二年开花。但有些树种由于本身的生物学特性和改变了的环境条件,以及受到一定的管理技术控制,一年内也能进行多次花芽分化。如枣的花芽当年分化,当年开花,随生长随分化,多次分化。葡萄经摘心后可连续分化,多次结果。板栗和核桃都有当年分化、当年开花的现象。一般来说,苹果花芽分化期是5月中旬至9月下旬,板栗是6月上旬至8月中旬,核桃是6月下旬至7月上旬，桃是6月中旬至8月上旬。

花芽分化是一个量变到质变的过程，在这一过程中，水分代谢，糖类代谢，蛋白质代谢，以及酶类、维生素的种类都相应发生变化，而这些变化都是以光合产物和贮藏营养物质作为代谢活动的能源基础与形成花芽细胞的组成物质的，故加强营养，增加光合产物的积累是形成花芽的前提。在生产实践中，外界条件和栽培技术措施，在很大程度上能左右花芽分化时期和花芽数量与质量。

矿质营养是影响花芽形成的重要物质之一。除氮、磷、钾以外，微量元素硼、锌和钼等与花芽分化和花器的形成均有关系，因此，花芽分化期喷施上述元素有明显的促花效果。

在生产实践中，果农有很多促抑花芽形成的措施。如新建果园，采用大窝大苗，重施底肥，初期施肥以氮为主，少量勤施，促树冠扩大和叶幕形成，生长中后期增施磷、钾肥，并采用支撑和拉枝办法扩大枝梢角度，或控水、断根等，促花形成，实现早果。对结果较多、花芽不易形成的果树，采用疏花疏果，减少树体消耗，保持树体有一定的营养水平，促进花芽分化，达到年年丰收。此外，还可利用矮化砧，或喷施生长抑制剂，以缓解营养生长，避免树体营养大量消耗，从而达到成花结果的目的。对幼年树、弱树，为了增强树势和扩大树冠，也常采用有效抑制花芽形成的方法，施用氮肥、灌水和喷施赤霉素等措施，以及加强修剪以促进旺长，减少形成花芽的树体营养物质，从而促进营养生长，恢复树势。

5.果实生长和成熟与营养

果实生长和成熟物候期，是指从授粉受精后，子房开始膨大起，到果实完全成熟止。各种果树从开花到成熟所需的时间长短，因树种、品种而异。如樱桃40～50 d，杏70～100 d，苹果80～100 d，梨100～180 d，柑橘150～240 d，桃70～180 d，葡萄76～118 d，枣95～120 d，核桃120～130 d，柿子165 d左右，猕猴桃110 d左右，而夏橙长达392～427 d。

自然条件对果实发育物候期的长短有显著影响，所以同一品种的成熟期因地区而异。栽培措施对生育期长短也有一定影响，如成熟期灌水，增施氮肥，可延长发育期。喷施激素也可以改变固有生育期。

各种果实发育都要经过细胞分裂、组织分化、种胚发育、细胞膨大和细胞内营养物质大量积累与转化的过程。仁果类和核果类果实发育过程相似，大致分为三个生长期。第一生长期从受精到胚乳增殖停止，主要进行细胞分裂和胚乳发育。此期需要大量氮、磷和碳水化合物以供应含有大量蛋白质的原生质增长。大多数落叶果树以消耗贮藏营养为主，施肥补充也有一定作用。这一时期果实纵径生长快，而横径生长较慢。第二生长期（核果类果树称为硬核期），细胞分裂基本停止，主要进行组织分化，实现种子生长和果核硬化。第三生长期细胞体积迅速膨大，并积累大量的淀粉、有机酸、蛋白质、糖类等，所以也是果实增大、增重的一个主要时期。

从果实正常发育长大的内因看，果实的发育和大小取决于细胞数目、细胞体积和细胞间隙的增大，以前两种最为重要。首先，细胞数目和分裂能力在花芽分化形成期就有很大影响，常说花大果也大，花质好坐果高，就是这个道理。其次，就是果实发育的第一生长阶段细胞的分裂能力，这与树体营养（包括有机营养和矿质营养）水平有关。因此，从花芽分化前至果实成熟，树体营养充足，是多坐果、果实大、品质优的基础。这就需要在头一年的秋季就要注意保护叶片，合理施用肥料，增加树体营养积累，春季酌情补充养分，促进花芽分化充实。细胞体积和细胞间隙的增大，主要发生在果实发育的第三阶段，此期需要叶片光合作用提供更多的碳水化合物和含氮物质。在此阶段之间追施肥料，有利于提高叶片光合性能，并加速有机营养向果实的运输和转化。

适量氮肥有利于果实膨大；缺磷果肉细胞减少，对细胞增大也有影响；钾对果实的增大和果肉重量的增加有明显作用，尤以在氮素营养水平高时，钾多则效果更为明显。因为钾可提高原生质活性，促进糖的运转，增加果实干重。钙和果实细胞结构的稳定与降低呼吸强度有关。因此，缺钙会引起果实各种生理病害。

如坐果较少，枝叶茂密，有徒长趋势的果树，应适当控肥控水，防止落果加剧和果实品质变劣。果实发育到成熟阶段后，肥水供应状况对果实品质也有很大影响。如氮肥过多，则风味变淡，着色不良，成熟推迟，耐贮性差。多施有机肥，合理修剪，增强光照和适当疏果，是提高产量和品质的有效农业措施。

（二）营养物质积累与消耗的规律性变化

果树在年周期中有两种代谢类型，即氮素代谢和碳素代谢，这两种代谢类型决定了树体营养物质的积累和消耗。在营养生长前期是以氮素代谢为主的消耗型代谢，主要利用树体贮藏营养，土壤施肥只是补充。此期对氮肥吸收、同化十分强烈，枝叶迅速生长，有机营养消耗多而积累少，因此对肥水特别是氮素的要求特别高。这一过程从萌芽前树液流动开始，在枝梢基本停止生长的6月上、中旬结束。在前期营养生长的基础上，枝梢生长基本停止，树体主要转入根系生长，树干加粗，花芽分化和果实增大，此期叶幕正形成，叶片大而成熟，光合作用强烈，营养物质积累大于消耗，利用的营养以当年同化为主，即此期是碳素代谢为主的贮藏型代谢。在这种代谢过程中所进行的花芽分化和贮藏物质的积累，既为当年的优质、高产提供了保证，又为翌年的生长结果奠定物质基础。

树体的这两种代谢是互为基础、互相促进的。只有具备了前期的旺盛氮素代谢和相应的营养生长，才会有后期旺盛的碳素代谢和相应的营养物质积累。同时也只有上年进行了旺盛的碳素代谢，积累了丰富的营养物质，才会促进下年旺盛的营养生长和开花结果。所以，果树春季生长状况是以上年后期果树贮藏营养为基础的。如果树体营养贮备充足，能满足早春萌芽、枝叶生长和开花、结实对营养的大量需要，这样既促进早春枝叶的迅速生长，加速形成叶幕，增强光合作用，促进氮素代谢，又有利于生殖器官的发育、授粉、受精，以及胚和胚乳细胞的迅速分裂与果实肥大。如果树体贮备不足，春季营养生长就会削弱，不易成花和结果。

由此可知，果树后期管理非常重要，生产中一定要注意保护叶片，采果期应合理增施有机肥和矿质营养，尤其是重施磷、钾肥，以加强树体光合作用，增加营养积累，促进翌年的正常生长和结果。春季要注意补施氮肥，尤其是上年秋季施肥不足或落叶较多的果园，以促进枝叶迅速生长和开花结果。但在春季也不可盲目地过多施用氮素肥料，以免造成营养生长过旺，推迟氮素代谢向碳素代谢的转换，影响花芽分化和果实的发育。同理，秋季也是如此，如果氮肥施用过多，同样会由于营养生长旺盛而减少营养物质的积累和贮藏。

四、果树需要的矿质营养

果树的正常生长发育需要从外界（空气、水和土壤）吸收多种营养元素，并加以同化利用，成为组成树体的原料，或供给其他生命活动所需的能量。现在公认的必需元素有16种，即碳（C）、氢（H）、氧（O）、氮（N）、磷（P）、钾（K）、钙（Ca）、镁（Mg）、硫（S）、铁（Fe）、硼（B）、锰（Mn）、铜（Cu）、锌（Zn）、钼（Mo）及氯（Cl）。其中除氢、碳、氧不看作矿质营养元素外，对氮、磷、钾3种元素，植物所需的量比较大，称为大量元素。对钙、镁、硫、铁、硼、锰、锌、铜、钼、氯等元素，植物需要的量较少或很少，称为中微量元素。所需元素都有其特定的生理功能，相互不可替代。所需元素在植物体中也有较为恒定的含量，过多或不足都会表现出一定的症状，且影响果树的健康生长或果实品质。

（一）矿质营养元素的生理功能

1.氮（N）

氮是植物细胞蛋白质的主要成分，又是核酸、叶绿素、维生素、酶和辅酶系统、激素及许多重要代谢有机化合物的组成部分。氮能够促进新梢生长，增大叶面积，增加叶片厚度，提高叶片内的叶绿素含量，增强光合效率，有利于树干加粗生长和树冠迅速扩大，促进早期丰产，有"生命元素"之称。适当施氮，还可促进花芽形成，提高坐果率，加速果实膨大，提高果品产量，改善果实品质。

2.磷（P）

磷是核蛋白、酶和维生素的组成部分，糖的合成与降解常是以磷酸酯形式进行的。生物能的载体三磷酸腺苷（ATP），辅酶Ⅰ与辅酶Ⅱ都带有磷酸基团。所以磷在植物能量转化中起重要作用，有"能量元素"之称。磷能促进碳水化合物运输和光合作用正常进行。同时磷在促进花芽分化，改进果实品质，促进根系生长，提高果树抗寒、抗旱、抗盐碱能力方面，也有重要作用。

3.钾（K）

钾不参与植物体内有机分子的组成，但能与蛋白质做疏松的缔结，是许多酶的活化剂，参与碳水化合物的合成、转化和运输等。植物细胞液泡内积累的钾离子可调节细胞的渗透势。气孔保卫细胞里的钾离子的进出，调节着保卫细胞的膨压和气孔的开闭，积累时气孔开放，释放时气孔关闭。所以钾对维持细胞原生质的胶体系统和细胞液的缓冲系统起着重要作用。钾充足时，有利于代谢作用，能促进枝条成熟，增强抗性，增大果个，促进着色，果实品质好，裂果少，耐贮藏，有"品质元素"之称。

4.钙（Ca）

钙是细胞壁和胞间层的组成部分。钙对碳水化合物和蛋白质的合成过程，以及植物体内生理活动的平衡等起着重要作用，能促进原生质胶体凝聚，降低水合度，使原生质黏性增大，增强抗旱、抗热能力。对果实品质影响很大，有"表光

元素"之称。

5.镁（Mg）

镁是叶绿素的主要组成成分。镁离子（Mg^{2+}）是许多酶的活化剂，对树体生命过程起调节作用。在磷酸代谢、氮素代谢和碳素代谢中，能活化许多种酶而促进代谢。镁在维持核糖、核蛋白的结构和决定原生质的物理化学性状方面，都是不可缺少的，对呼吸作用也有间接影响，有"光合元素，修复元素"之称。

6.硫（S）

硫在蛋白质（包括酶）的结构组成和其空间构型的稳定性（通过二硫键）方面具有特别重要的作用。硫也是一些生物活性物质的必要组成。在光合作用、呼吸作用及氨基酸、脂肪及碳水化合物的代谢方面都有重要作用。硫还是多种维生素组成成分，有"芳香元素"之称。

7.铁（Fe）

铁虽不是叶绿素的组成部分，但缺铁时叶绿素不能形成，铁具有维持叶绿体功能的作用。铁参与呼吸作用，影响与能量有关的一切生理活动。铁是植物体内最不易移动的元素之一。

8.锰（Mn）

锰是叶绿体的组成物质，直接参与光合作用，在叶绿素合成中起催化作用，是许多酶的活化剂，还可影响激素的水平。锰对酶的活化作用与镁相似，大多数情况下可以互相代替。根中硝酸还原过程不可缺少锰，因而锰影响硝态氮的吸收和同化。

9.锌（Zn）

锌能影响树体内的氮素代谢和生长素的合成。锌还是某些酶的组成成分，这些酶能催化二氧化氮的水合作用，与光合作用有关。锌还是合成叶绿素必需的元素。

10.硼（B）

硼不是植物的结构成分，但对碳水化合物运转起重要作用。缺硼时，碳水化合物发生紊乱，糖运输受到抑制，碳水化合物不能运到根中，使根尖细胞木质化，进而使钙的吸收受到抑制。缺硼还会引起花器和花萎缩，花而不实，这是花粉管活动中，硼影响细胞壁果胶物质合成的缘故。硼参与分生组织细胞的分化过程，如植物缺硼，最先受害的是生长点；缺硼产生的酸类物质，使枝条或根的顶端分生组织细胞严重受害甚至死亡。硼能提高抗性，干旱条件下特别需要硼。细胞壁中的硼，有控制水分的作用。硼在叶绿体中的相对浓度较高，缺硼时，叶绿体容易老化，因而硼对光合作用也有影响。

11.铜（Cu）

铜在植物体内是某些氧化酶的组成成分。叶绿体中有一种含铜的蛋白质，因此，铜在光合作用中起重要作用。铜还存在于超氧化物歧化酶（SOD）中，与果品品质有一定关系。

12.钼（Mo）

钼在氮素代谢上有着重要作用，它是硝酸还原酶的组成成分，参与NO_3^-的还原和固氮，与电子传递系统相联系。

13.氯（Cl）

氯在植物生理上需要量很低，但却是光合作用中水的光解反应所必需的。氯离子还能与阳离子保持电荷平衡，维持细胞内较高的渗透压，使叶挺立。适量氯有利于碳水化合物代谢，提高作物抗病性。

（二）矿质营养元素的相互作用

我们知道果树对营养元素的吸收，是有一定比例关系的。某种元素过多或过少都不是好现象，有的是造成浪费，严重的会影响其他元素的作用发挥，甚至产生一些生理性病害。搞清元素之间的协同作用和拮抗作用，对指导施肥有一定意义。

1.营养元素之间的拮抗作用

营养元素之间的拮抗作用是指某一营养元素（或离子）的存在，能抑制另一营养元素（或离子）的吸收。主要表现在阳离子与阳离子之间，阴离子与阴离子之间。

拮抗作用分为双向拮抗和单向拮抗。双向拮抗，如钙与钾，铁与锰等。

近年来，化学肥料三要素的过多施用，与其他元素产生了一定的拮抗作用，使我们不得不注意使用一些中微量元素肥料。如氮肥尤其是生理酸性铵态氮多了，易造成土壤溶液中过多的铵离子与镁、钙离子产生拮抗作用，影响作物对镁、钙的吸收；磷肥不能和锌同补，磷肥和锌能形成磷酸锌沉淀，降低磷和锌的利用率；适量钾肥可提高作物抗病及抗逆能力，但过多使用反而会造成浓度障

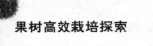

碍，使植物容易发生病虫害，继而在土壤和植物体内与钙、镁、硼等阳离子营养元素产生拮抗作用，严重时引起脐腐和叶色黄化，甚至减产。

中微量元素使用过多也会产生一些拮抗作用或诱发一些生理性病害。如钙过多，妨碍氮、钾的吸收，易使新叶焦边，叶色淡；过量施用石灰造成土壤溶液中过多的钙离子，与镁离子产生拮抗作用，影响作物对镁的吸收，钙、镁可以抑制铁的吸收，因为钙、镁呈碱性，可以使铁由易吸收的二价铁转成难吸收的三价铁；缺硼影响水分和钙的吸收及其在体内的移动，导致分生细胞缺钙，缺硼还可诱发体内缺铁，使抗病性下降。

2.营养元素之间的促进作用

氮肥可以促进对磷的吸收，而足量施用磷、钾肥也会促进氮的吸收，提高化肥利用率。施用磷肥还可促进作物对钙的吸收。施用钾肥可促进作物对硼、铁的吸收。

镁和磷具有很强的双向互助依存吸收作用，可使植株生长旺盛，雌花增多，并有助于硅的吸收，增强作物抗病性和抗逆能力。

钙和镁有双向互助吸收作用，可使果实早熟，硬度好，耐储运。硼可以促进钙的吸收，增强钙在植物体内的移动性。

3.营养元素之间的交互作用

有些元素之间同时施用，其肥料效应会表现得更好（1+1＞2效应），如磷与锰，硅与磷。有些元素可以削弱其他元素之间的拮抗作用，如磷可以削弱铜对铁的拮抗作用。有些元素可以削弱某些元素对作物的毒害作用，如钾肥能减轻氮肥、磷肥的不利影响，镁肥可消除过量钙的毒害作用。

（三）矿质营养元素在果树体内的再利用

矿质营养元素通过果树的根部吸收进入果树体内后，就进入了体内的营养循环系统。在韧皮部中移动性较强的矿质养分，如氮、磷、钾和镁等，从根的木质部中运输到地上部后，又有一部分通过韧皮部再运回到根中，然后再转入木质部继续向上运输，从而形成养分自根至地上部之间的循环流动。在循环过程中，这些移动性强的矿质营养元素可通过韧皮部运往其他器官或部位，而被再度利用，这种现象叫作矿质营养元素的再利用。而另一些养分，如钙、硼、铁等在韧皮部中移动性很小，一旦被利用，就很难再次参与营养循环，这些元素不能被再度利

用，称为不可再利用的养分。

养分再利用的过程是漫长的，须经历共质体（老器官细胞内激活）→质外体（装入韧皮部之前）→共质体（韧皮部）→质外体（卸入新器官之前）→共质体（新器官细胞内）等诸多步骤和途径。因此，只有移动能力强的营养元素才能被再度利用。

在植物的营养生长阶段，生长介质的养分供应常出现持久性或暂时性的不足，造成植物营养不良。为维持植物的生长，使养分从老器官向新生器官的转移是十分必要的。然而植物体内不同养分的再利用程度并不相同，再利用程度大的元素，在营养缺乏时，可从植株基部或老叶中迅速及时地转移到新器官，以保证幼嫩器官的正常生长；而不能再利用的养分，在营养缺乏时就不能从老部位运向新部位。了解营养元素的再利用状况，对我们施肥具有一定的借鉴意义。在难以再利用的矿质营养缺乏时，通过根部施肥很难短期内达到效果，有必要进行根外补充，直接将养分喷于需要的器官上，如在枣树花期将硼素喷布于花朵上，可有效提高坐果率，减轻缩果病等。

五、果树施肥特点

果树生命周期长达十几年甚至几十年，所以，在施肥上既要满足当年不同生育阶段对养分的均衡需要，实现高产、优质，更要注意培养健康树势，实现连年稳产、优质，在施肥中还要加强对土壤的培肥，为果树生长创造良好的生态环境。因此，在果树施肥上表现出以下六个特点。

（一）果树生命周期中的施肥特点

果树的生命周期，即年龄时期通常可划分为幼龄期、结果初期、盛果期和衰老期。幼龄期的果树，以长树为主，管理目的是促进地下部和地上部的生长旺盛，即扩大树冠，长好骨架大枝，准备结果部位和促进根系发育，增大光合作用面积。因此，在施肥与营养上，须以速效氮肥为主，并配施一定量的磷、钾肥，按勤施少施的原则，充分积累更多的贮藏营养物质，以满足幼树树体健壮生长和新梢抽发的需求，使其尽快形成树冠骨架，为以后的开花结果奠定良好的物质基础。进入结果期以后，果树从营养生长占优势，逐渐转为营养生长和生殖生长趋于平衡。在结果初期，仍然生长旺盛，树冠内的骨干枝继续形成，树冠逐渐扩大，产量逐年提高。此期既要促进树体贮备养分，健壮生长，提高坐果率，又要控制无效新梢的抽发和徒长。因此在施肥与营养上，既要注重氮、磷、钾肥的合理配比，又要控制氮肥的用量，以协调树体营养生长和生殖生长之间的平衡关系。在施肥上应针对树体状况区别对待，若营养生长较强，应以磷肥为主，配合钾肥，少施氮肥；若营养生长未达到结果要求，培养健壮树势仍是施肥重点，应以磷、氮肥为主，配合钾肥。随着树龄的增长，营养生长减弱、树冠的扩大已基本稳定，枝叶生长量也逐渐减少，而结果枝却大量增加，逐渐进入盛果期，产量也达到高峰。此期常因结果量过大，树体营养物质的消耗过多，营养生长受到抑制而造成大小结果年，树势变弱，过早进入衰老期。所以处在盛果期的果树，对营养元素需求量很大，并且要有适宜比例的氮、磷、钾和中微量元素适时供应。在衰老期，施肥上应偏施氮肥，以促进更新复壮，维持树势，延长盛果期。

（二）果树年周期中各物候期的施肥特点

果树在一年中随季节的变化要经历抽梢、长叶、开花、果实生长与成熟、花芽分化等生长发育阶段（物候期）。果树的年周期大致可分为营养生长期和相对休眠期两个时期。在不同的物候期中，果树需肥特性也大不相同，表现出明显的营养阶段性。

果树是在上年进行花芽分化、翌年春开花结果。落叶果树于秋季果实成熟，而常绿果树则要到冬季果实才能成熟，挂果时间长，对养分需求量大。同时在果实的生长发育过程中，还要进行多次抽梢、长叶、长根等，因而易出现树体内营养物质分配失调或缺乏，影响生长或结果。

针对果树年周期中各物候期的需肥特性，果农要特别注意营养生长和生殖生长，营养生长与果实发育之间的养分平衡。一般在新梢抽发期，注意以施氮肥为主；在花期、幼果期和花芽分化期以施氮、磷肥为主；果实膨大期应配施较多的钾肥。

（三）贮藏营养对果树特别重要

贮藏营养是果树在物质分配方面的自然适应属性。它既可以保证植株顺利度过不良时期（如寒冬），又能保证下一个年周期启动后的物质和能量供应。对第二年的正常萌芽、开花、坐果、新梢生长、根系发生等生长发育影响很大，并进

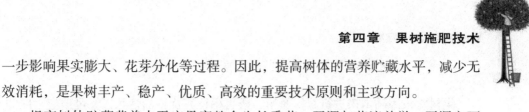

一步影响果实膨大、花芽分化等过程。因此，提高树体的营养贮藏水平，减少无效消耗，是果树丰产、稳产、优质、高效的重要技术原则和主攻方向。

提高树体贮藏营养水平应贯穿整个生长季节，开源与节流并举。开源方面应重视配比平衡施肥，加强根外追肥；节流方面应注意减少无效消耗，如疏花疏果，控制新梢过旺生长等。提高贮藏营养的关键时期是果实采收前后到落叶前，早施基肥，保叶养根和加强根外补肥是行之有效的技术措施。

（四）施肥要顺应果树营养的贮藏、利用、转换规律

年周期中果树营养可分为四个时期：第一个时期是利用贮藏营养期，第二个时期是贮藏营养和当年生营养交替期，第三个时期是利用当年生营养期，第四个时期是营养转化积累贮藏期。营养生长和生殖生长对营养竞争的矛盾同样贯穿其中各个阶段。早春利用贮藏营养期，萌芽、枝叶生长和根系生长与开花坐果对营养竞争激烈，开花坐果对营养竞争力最强，因此在协调矛盾上主要应采取疏花疏果，减少无效消耗，把尽可能多的营养节约下来用于营养生长，为以后的生长发育打下一个坚实的基础。在施肥管理上，若上年秋季树势健壮，基肥充足，贮藏营养充足，此期可以不施肥；若贮藏营养不足，应早施速效肥料，以氮为主，配合磷、钾，缓解春季旺盛生长与贮藏营养不足的矛盾，保证果树正常生长发育。贮藏营养和当年生营养交替期，又称"青黄不接"期，是树体营养状况的临界期，若贮藏营养不足或分配不合理，则出现"断粮"现象，制约果树正常的生长发育。提高地温促进根系早吸收、加强秋季管理提高贮藏水平、疏花疏果节约营养等措施，有利于延长贮藏营养供应期，缓解矛盾。

同理，若贮藏营养不足，早春及花后施肥也可缓解"断粮"矛盾。在利用当年生营养期，营养供应中心主要是枝梢生长和果实发育，新梢持续旺长和坐果过多是造成营养失衡的主要原因。因此，调节枝类组成、合理负荷是保证有节律生长发育的基础。此期施肥上要保证稳定供应，并注意根据树势调整氮、磷、钾的比例，特别是氮肥的施用量、使用时期和施用方式。营养积累贮藏期是叶片中各种营养回流到枝干和根中的过程。中、早熟品种从采果后开始积累，晚熟品种从采果前已经开始，二者均持续到落叶前结束。防止秋梢过旺生长、适时采收、保护秋叶、早施基肥和加强秋季根外追肥等措施，是保证营养及时、充分回流的有效手段。

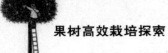

（五）砧穗二项构成影响果树的营养

果树常采用砧木来进行嫁接繁殖，既可保证其优良的性状，又可适应不同的生态环境。果树树体由砧木和接穗两部分生长发育而成，故称为二项构成。其砧木形成根系，利用的是其适应性、抗逆性、矮化性和易繁性；而接穗形成树冠，利用其早果性、丰产性、优质性、稳定性和其他优良栽培特性。砧木和接穗组合的差异，会明显地影响养分的吸收和体内养分的组成。砧木主要通过影响根系构型、结构、分布、分泌物及功能来影响养分的吸收和利用，培育抗性强且养分利用效率高的砧木，是砧木选择和育种的主要依据之一。砧穗组合不同，其需肥特性也存在着明显差异，如矮化品种嫁接在乔化或半乔化砧木上，其耐肥性和需肥量明显增加，对肥水条件要求增高，若不能满足其肥水条件，则长势衰弱而出现早衰，在园地选择和施肥上要注意这一特性。不同砧穗组合对生理性缺素症的敏感性差异也较大，如苹果的山荆子砧抗缺铁失绿能力较差，海棠砧则较强。因此，筛选高产、优质的砧穗组合，不仅可以节省肥料，提高肥料利用率，减少环境污染，而且可减轻或克服营养失调症。

（六）施肥与果实品质关系密切

随着生活水平的提高，人们对果品质量有了更高的要求。果园的经济效益也由以前的偏重于产量转向产量、质量并重，甚至质量更为主要。不但要求果品内在品质好，营养丰富，适口性好，而且要求具有较高的商品价值，即果个大小、果形、着色、表光等。而在现代丰产果园，尤其是密植果园，产量大幅提高，果实带走大量养分，施肥和土壤供应的养分与果树的所需养分之间产生矛盾，此时若施肥不当，极易造成品质不良，如生产中存在的偏施氮肥、大量施氮，造成果实着色不良，酸多糖少，风味不佳。

若施肥供应营养元素不平衡，也会严重影响果品品质，如果树缺钾，不利于果实膨大着色和糖分积累；果树缺硼不仅影响坐果，也易形成畸形果；果树缺钙，苹果易产生苦痘病、水心病，桃树易产生软腐病等。因此，我们应该把产量效益型施肥变为品质效益型施肥，大力提倡配方施肥和平衡施肥，稳定产量，提高品质，节支增收。

六、果树施肥方法

（一）环状、条沟状、放射状和穴状施肥

1.环状施肥

适用于幼树施基肥，方法为在树冠投影外缘20～30 cm处挖宽30～50 cm、深20～40 cm的环状沟，把肥料施入沟中，与土壤混合后覆盖。随树冠扩大，环状沟逐年向外扩展。此法操作简便，但挖沟时易切断水平根，且施肥范围较小，易使根系上浮分布表土层。

2.条沟状施肥

在树的行间或株间树冠投影处内外开沟施肥，沟宽、沟深同环状沟施肥。此法适于密植园施肥，注意每年更换位置。

3.放射状沟施肥

在树冠下，距主干0.8 m以外处，顺水平根生长方向呈放射状挖5～8条施肥沟，宽30～40 cm，深20～40 cm，将肥施入。为减少大根被切断，应内浅外深。可隔年或隔次更换位置，并逐年扩大施肥面积，以扩大根系吸收范围。

4.穴状施肥

在树冠滴水线内侧、外侧或交错，每隔50 cm左右挖穴一个，依据树冠大小确定施肥穴数，小树4～5个，大树6～8个，直径30 cm左右，深20～30 cm。此法多用于追肥。

（二）全园、叶面、水肥一体化与树干注射和吊瓶输注施肥

1.全园施肥

在果园树冠已交接，根系已布满全园时，先将肥料撒于地面，再翻入土中，深约20 cm。因施肥浅，常诱发根系上浮，降低根系抗逆性。若与其他施肥法交替施用，可互补不足，充分发挥肥效。

2.叶面施肥

果树主要通过根系吸收养分，但也可通过叶片表皮细胞和气孔吸收少量养分，生产上利用叶片吸收养分的特点，在叶面上喷施一些营养元素的施肥方法称为叶面施肥，又称根外追肥或叶面喷肥。果树叶面施肥相较于根系吸收的养分量虽然很小，但合理使用却能达到事半功倍的效果。

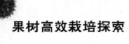

（1）叶面施肥的应用范围

叶面施肥通常在以下几种情况下使用：一是在果树根系吸收功能出现障碍时，如土壤环境不良，水分过多或干旱低湿条件，土壤过酸、过碱或作物生长后期根系吸收能力衰退等；二是某些矿质元素易被土壤固定，根际追肥又难以快速发挥作用时，如磷元素；三是作物需要的矿质营养在体内难以再利用时，可以直接喷施到需要部位，如微量元素铁、钙、硼等；四是营养临界期快速补充营养；五是不便大量补充的营养，如果树后期为维持叶片功能而喷施的氮素；六是补充某些利于调剂生理机能和改善果品品质的微量特殊营养，如生长素、激素类。

叶面施肥的突出特点是针对性强，养分吸收快，用量省，见效快，不同营养进入叶片内部的时间在 15 min 至 1 h 不等，所以叶面喷肥已成为果树生产上的一个重要施肥途径。

（2）叶面施肥的技术要点

①喷施浓度要合适

在一定浓度范围内，养分进入叶片的速度和数量，随溶液浓度的增加而增加，但浓度过高容易发生肥害，尤其是微量元素肥料。一般来说，喷施浓度在不发生肥害的前提下，应尽可能采用高浓度，最大限度满足果树对养分的需求。生长季节常用的叶面喷肥浓度为：尿素0.2% ~ 0.5%、硫酸钾（氯化钾）0.3% ~ 0.5%、磷酸铵0.5% ~ 1%、磷酸二氢钾0.2% ~ 0.5%、过磷酸钙0.5% ~ 1%、草木灰1% ~ 3%、腐熟人畜尿10% ~ 30%、沼液50% ~ 100%、氮磷钾三元复合肥0.3% ~ 0.5%、硫酸锰0.2% ~ 0.3%、硼砂（酸）0.1% ~ 0.2%、硫酸锌0.1% ~ 0.2%、硫酸亚铁0.1% ~ 0.3%、硫酸镁0.1% ~ 0.3%、硝酸稀土0.05% ~ 0.1%、硫酸铜0.03% ~ 0.05%。具体使用时的浓度大小可因树种、叶龄、气候、物候期、肥料品种而定，一般是气温低、湿度大、叶龄老熟、肥料对叶片损伤轻的可使用浓度大些，反之浓度小一些。生产上可将两种或两种以上的叶面肥合理混用，但注意浓度一般不超过3%。

②喷施时间要适宜

叶面施肥时叶片吸收养分的数量与溶液湿润叶片的时间长短有关，湿润时间越长，叶片吸收养分越多，效果越好。一般情况下保持叶片湿润时间在 30 ~ 60 min 为宜，因此，叶面施肥最好在傍晚无风的天气进行；在有露水的早晨喷肥，会降低溶液的浓度，影响施肥的效果。雨天或雨前也不能进行叶面追肥，易造成养分

淋失，若喷后3 h遇雨，应补喷。

③喷施部位要准确

叶面施肥时，叶的正反两面都要喷施，尽量细致周到。尤其要喷布到气孔较多的叶背面以利于吸收。此外，不同营养元素在体内的移动性和利用程度不同，多数微量元素在体内移动性差，喷布时直接用到所需器官上效果更好。如硼喷到花朵上可提高坐果率，钙喷到果实上能减轻缺钙症及提高耐贮性。

④喷施次数要充足

补充叶面营养，喷施次数一般不少于2次。对于在作物体内移动性小或不移动的养分（如铁、硼、钙等），更应注意适当增加喷施次数。喷施应有时间间隔。在喷施含调节剂的叶面肥时，间隔期应在一周以上，喷洒次数不宜过多，防止出现调控不当，造成危害。

⑤喷施肥料品种要选择

用于叶面喷施的肥料应是完全水溶性、无挥发性和不含氯离子等有害成分的。选用肥料时，还要注意不同树种对同一肥料的反应，如苹果喷施尿素效果明显，柑橘次之，其他果树较差。梨和柿子吸收磷最多，柑橘和葡萄次之。在肥料混喷时，还要注意避免发生拮抗作用，铁、锌、锰和铜最好使用螯合态的，不然不可以与磷一起施用。钙、镁不要和磷一起喷施，混用会出现不溶性沉淀。

⑥在肥液中添加湿润剂等物质

作物叶片上都有一层厚薄不一的角质层，影响溶液的渗透。在叶肥溶液中加入适量的湿润剂，如中性肥皂、质量较好的洗涤剂等，可降低溶液的表面张力，增加与叶片的接触面积，提高叶面追肥的效果。在溶液中加入少量蔗糖可减轻喷施浓度偏高造成的危害。

3.水肥一体化施肥

水肥一体化施肥是近年来新兴的也是发展很快的一种施肥技术。它是在灌溉施肥的基础上发展而来，通常灌溉施肥是将肥料溶液注入灌溉输水管道而实现的。而现在果农多是利用果园喷药的机械装置，包括配药罐、药泵、三轮车、管子等，稍加改造，将原喷枪换成追肥枪即可。追肥时再将要施入的肥料溶解于水中，用药泵加压后用追肥枪施入果树根系集中分布层的一种施肥方法，具有显著的节水、节肥、省工的效果。其精准度高、肥效快，可控性强，对缺水的干旱及半干旱地区也具有很好的利用价值。

4.树干注射和吊瓶输注施肥

注射施肥是将果树所需要的肥料从树干强行直接注入树体内，多靠机具压力如强力树干注射机，将进入树体的肥液输送到根、枝和叶部，可直接为果树所用或贮藏于木质部，长期发挥效力。吊瓶输注施肥，类似人体打吊针的方法，将果树需要的肥料溶液瓶装吊在果树上部，用输液管连接针头扎于主干木质部，靠重力压力缓慢将肥料输入果树体内而为果树吸收。这两种方法多用于补充中微量元素肥料，如缺铁性黄叶等，时间以春、秋两季为好，春季萌芽前越晚越好，秋季采果后越早越好。

第二节　果树科学施肥的原则与营养失调的危害防治

一、果树科学施肥的一般原则

（一）高产高效优质低耗原则

过度施用化肥容易引起土壤中盐类浓度增加，轻则影响果树正常生长，重则导致土壤的次生盐渍化。因此，果农在施肥前必须进行肥力测定，进行科学合理的施肥，切忌盲目施肥。果树对肥料的反应因果树种类、土壤类型等情况而变化。即使这些因素都相同，它还受当地气候和生长季节的影响。因此，果农需要根据当地具体情况和果树种类（甚至不同品种）来进行施肥量试验。不同果树从土壤中带走的养分种类和数量是不同的。不同果树种类之间，由于单产不同，单位面积的养分吸收总量也不相同。要做到果树施肥高产高效优质低耗，必须坚持四项基本原则。

1.养分归还学说

养分归还学说最早是由德国科学家尤斯图斯·冯·李比希（Justus von Liebig）提出的。他把农业看作人类和自然界之间物质交换的基础，也就是由植物从土壤和大气中所吸收与同化的营养物质，被人类和动物作为食物而摄取，经过动植物自身和动物排泄物的腐败、分解过程，再重新返回到大地和大气中去，完成了物质归还。

　　不同果树从土壤中带走的养分种类和数量是不同的，不同种类果树之间，由于单产不同，单位面积的养分吸收总量也不相同。为了不断提高土壤的再生产能力，养分归还不再应是简单的收支平衡，而应逐步均衡提高，才能不断提高果园生产水平。

　　2.最小养分率

　　决定作物产量的是土壤中相对含量最少的养分。无论种植什么作物，为了获得一定的产量都需要从土壤中汲取多种营养元素，而决定植物产量的却是土壤中那个相对含量最小的有效植物生长因素，即最小养分，产量也在一定限度上随着这个因素的增减而相对变化。最小养分是指土壤中相对作物需要而言含量最少的养分，而不是土壤中绝对含量最少的养分。从营养意义上讲，最小养分就是影响作物产量提高的制约因素或主要矛盾。

　　最小养分随条件变化而变化。最小养分是限制果树产量提高的关键因素，因此，合理施肥就必须强调针对性。最小养分律在生产上运用的关键是施肥要有针对性，没有针对性的施肥必然是盲目施肥。施肥实践证明，一种最小养分得到补充后，就会出现另一种新的最小养分。这表明土壤养分平衡是相对的、暂时的，而养分不平衡是绝对的、长期的。树立这一辩证观点，才能不断地发现施肥中的新问题，通过科学施肥，不断地解决问题，从而使果树产量逐步提高成为可能。

　　3.报酬递减率

　　在肥料报酬递减的过程中，一般会出现三种情况，它们是判断施肥合理与否的重要标志：第一种情况是在达到最高产量之前，尽管肥料报酬在递减，但仍然能增产，是正效应，此阶段为合理施肥阶段；第二种情况是达到最高产量，肥料报酬等于零，施肥已不增产，这时的施肥为合理施肥量的上限；第三种情况是超过最高产量后，肥料报酬小于零，此时施肥量的增加不但不能增产，还会减产，为不合理施肥阶段。报酬递减率告诫人们，果树施肥要有限度，不总是施肥越多越好，要有经济效益的观念，在合理施肥阶段，确定最经济的施肥量。

　　4.因子综合作用律

　　肥料肥效的发挥，还与具体的使用环境、肥料特性和施用技术有密切的关系，我们常说施肥要"看天、看地、看作物"。"看天"就是看温度、湿度、降雨、光照等气候因素对肥效有无影响，"看地"就是根据土壤的质地和肥力进行施肥，"看作物"就是根据作物需肥规律和产量、质量要求及当时的长势进行施

肥。严格地说,要做到依据气候条件,土壤条件,作物营养和长势,肥料特性及农业技术条件来确定具体的果树施肥技术,才便于更好地发挥肥效。

果树丰产是影响果树生长发育的各种因子,如水分、养分、光照、空气、温度、品种等,以及耕作条件等综合作用的结果,其中必须有一种起主导作用的限制因子,产量也在一定程度上受该种限制因子制约。为充分发挥肥料的增产作用和提高肥料的经济效益,一方面施肥措施必须与其他农业技术措施配合,另一方面各种养分之间应配合施用。

合理的施肥措施能使果树单产在原有水平的基础上有所提高,因此"高产"指标只有相对意义,而不是以绝对产量为指标。通过合理施肥,不仅能提高产量和改善品质,而且由于投肥合理,养分配比平衡,从而提高了产投比,使施肥效益明显增加。"高效"是以投肥合理、提高产量和改善品质为前提的。单纯以减少化肥投入,降低成本来提高肥料的经济效益,是难以真正实现高产高效的。

(二)优质营养原则

果品作为人类生活中的重要副食品,其品质的高低直接影响着人类的身体健康,同时也是果树产品商品价值的重要体现。

1.感官品质

果实的感官品质又称商品品质、外观品质,主要包括色泽、气味、形状、大小、冻伤、表皮结构、有无瑕疵及整齐度、整洁度、鲜嫩度等方面。不要忽视果实的感官品质,因为它往往是果实其他品质的外在表现,不良的感官品质很可能是营养品质或安全品质低劣造成的。

2.营养品质

果实的营养品质由风味和营养两部分组成。构成果实风味的物质主要指糖、酸及芳香物质等。营养价值则取决于对人体有益成分含量的高低。有益成分主要包括蛋白质、维生素、矿物质、脂肪、可溶性固形物及特殊物质(如SOD)等。果实营养价值的高低与这些物质的含量呈正相关关系。每种果实都有一定的营养价值,有的还具有某种特殊的营养价值,如苹果果实中的SOD成分。

3.安全品质

果实的安全品质也叫卫生品质,主要是指果实中有害成分的含量,即化学污染和生物污染的程度。主要包括病菌、寄生虫卵污染、农药残留、硝酸盐累积、

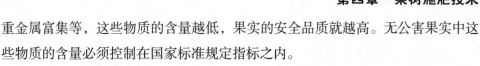

重金属富集等，这些物质的含量越低，果实的安全品质就越高。无公害果实中这些物质的含量必须控制在国家标准规定指标之内。

（三）改土培肥原则

果树具有生长速度快，需水、肥数量大，产量高等特点，因而对土壤条件有较高的要求。适宜在土壤肥沃、结构良好、地下水位低、蓄水保肥能力强、有害物质少、无大量病虫寄生的土壤里生长，基本要求有以下两点。

1.土层深厚、团粒结构好

果树根系发达，入土较深，要求深厚而疏松的土层，熟化层厚度应在40 cm以上，容重为1.1 ~ 1.3 g/cm³，总孔隙度大于55%，大孔隙大于10%，土壤三相比大体为固相40%、气相28%、液相32%，这样的土壤既有一定的保水保肥能力，又有良好的稳温性和通气性，有利于根系进行正常的呼吸，能增加对肥、水的吸收。

壤土是最理想的土质。因为沙性土虽耕作阻力小，排水和通气性好，但漏水漏肥；黏性土保水保肥力强，但排水通气不良，影响果树根系生长发育。而壤土介于两者之间，形成团粒结构较多，具有较好的排水透气和保水保肥能力，适宜果树的良好生长。

2.土壤中有害物质少

土壤是人类赖以生存的自然资源，但当外来的污染物超过土壤的自净能力时，就会破坏土壤的正常机能，使之失去自然生态平衡，成为我们生活中的化学定时炸弹，从而严重影响农作物的产量和品质。果树对土壤中多种重金属的富集量较多，因此要求土壤未受"三废"污染，且有害重金属含量低。

果树长期种植在一个地方，对养分的选择吸收及施肥不平衡，常导致土壤养分不合理，土壤板结、结构破坏，蓄水保肥能力下降，盐害、酸害严重，不当地施用除草剂和农药，也会使土壤微生态环境遭到破坏，有害物质增加、土传病害增多，果树生存环境变差。肥料的不合理施用，对果树生产带来的危害越来越多，西北黄土高原苹果适生区的一些地方因土壤和肥料管理不当，引发果树腐烂病等病害增多，应是结果盛期的果树却早衰死亡；胶东半岛也有因土壤肥料管理不当，很多果园土壤板结、酸化严重，死树现象严重发生。这些都足以说明改土培肥、修复土壤对果树生产的重要性。

果树土壤改良的方法有以下两种。

（1）抓好果园基本建设，改善土壤物理条件

果园建设的首要任务是建立好灌溉和排水设施，能做到灌得上，排得出，防止旱涝危害。水利条件好的果园，要平整好土地，配套沟渠建设；水利条件较差的果园，推行隔行浇灌或穴施肥水技术；山坡地果园要因地制宜，修建梯田和鱼鳞坑，纳雨蓄墒，增强保水措施。有条件的地方，采用渗灌、滴灌等节水灌溉技术，既能提高水的利用率，又可避免因漫灌带给果园环境的恶化，值得大力推广。

（2）深耕改土

果树根系发达，要求有深厚的活土层。应在施用有机肥料基础上，逐步加深行间的活土层，一般2～3年深耕或深翻一次，以改善土壤通气状况，促进果树根系健壮生长。

（四）环境友好原则

通过合理施肥，尤其是定量施化肥，控制氮肥用量，使土壤和水源不受污染，从而能保护环境，提高环境质量。

1.保护环境，科学施肥

（1）限量施用化肥

化肥一次施用量过大时，使土壤溶液浓度过高是造成果树肥害的主要原因，如果将化肥的一次施用量控制在适当数量之内，肥害的发生将大大减少。

（2）全层深施化肥

同等数量的化肥，在局部施用时，阳离子被土壤吸附的量相对较少，可造成局部土壤溶液的浓度急剧升高，导致部分根系受到伤害。如改为全层深施，做到土肥交融，就能使肥料均匀分布于整个耕作层，被土壤吸附的阳离子数量相对增多，土壤溶液的浓度就不会升得过高，从而使作物避免受伤害。同时，由于深施被土壤颗粒吸附的机会增加，氨的挥发因此减少，地上部发生焦叶的危害减少，同时，适当浇水保持土壤湿润，可以降低土壤溶液浓度，避免发生浓度伤害。

（3）加快高效缓释肥料和精制有机肥的开发与应用

利用已经较为成熟的复混（合）肥生产技术，在对氮肥进行改性、包膜、包裹的基础上，组装生产高效缓释肥料，既简化施肥，减少果园劳动力投入，又降低化肥的释放速率，提高肥料的利用率。结合平衡施肥技术的应用，可有效降低氮肥用量，减少硝酸盐在果树体内的富集，从而提高果实的品质。此外，充分利用现有的畜禽粪便资源，引进和筛选降解菌种，生产精制生物有机肥，提高果园有机肥的用量，减少化肥的施用，减少环境污染，提高果实品质。

（4）科学施肥

科学施肥是解决过量用肥而引起硝酸盐积累的重要手段，果树体内养分不平衡是导致硝酸盐积累的内在原因，而土壤氮素供应过多则是其外在原因。因此，农业部门应大力推广平衡施肥技术。

①大力开展测土施肥和果树营养诊断施肥技术

应尽快、尽早建立完善的技术服务体系，大力发展时效性强、成本低、见效快、操作性好的施肥新技术，根据地力养分状况和果园养分丰缺指标，科学合理地投入肥料。

②改进肥料的施用方法，最大限度地提高化肥利用率

果树应按产量确定有机肥用量，一般按计划收获 1 kg 果实，施入 1 ~ 1.5 kg 有机肥，有机肥施用要注意必须腐熟，以防伤害根系；由于其养分释放慢，作基肥或前期施用最好；有机肥在土壤中不存在淋失，所以施用深度要在果树根系水平分布的中下部位。化肥要注意深施，追肥后及时浇水，增施钾肥，大力宣传推广滴灌施肥、根部注射施肥、应用缓释肥等措施，尽量提高化肥利用率。

（5）推广生物肥

生物肥是近年来无公害果树生产的新型肥料。该肥施入土壤后，不仅能释放土壤中的迟效养分，供作物吸收利用，还能在一定程度上减少病害的发生及病虫害防治次数，减少农药残留，不但有利于提高果实品质，还有利于生态环境的保护。

2.污染果园土壤的修复措施

（1）对污染源和周围的环境条件做调查

一是对大气、水、土壤环境进行监测。二是把土壤污染状况调查与土壤肥力状况调查相结合。不仅要了解和掌握土壤基础肥力状况包括中微量元素水平，而且要分析测定土壤重金属的背景值、有机农药的残留值。三是建立无公害果树适栽评估系统。目的在于：一方面，在研究现有土壤环境下，确定有哪些品种适栽；另一方面，为了引进具有市场开发前景的品种，必须确定有哪些地方适合栽

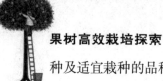

种及适宜栽种的品种范围。

（2）实施"耕地修复"工程

重点对污染土壤进行综合治理，其主要是加强对硝酸盐富集、有毒重金属和农药残留在土壤中的化学行为治理，即通过对它们在土壤中的吸附、置换、释放及生物有效性的调查、分析与研究，采取生物措施和工程措施来加以修复，为优质无公害果树的生产提供决策依据和基础保障。

①植物修复

植物修复即果园行间种草，利用植物来恢复、重建退化或污染的土壤环境。植物修复技术是一种以植物忍耐、分解或超量积累某些化学元素的生理功能为基础，利用植物及其共存微生物体系来吸收、降解、挥发和富集环境中污染物的治理技术。根据其作用过程和机理，植物修复技术可分为植物稳定、植物提取、植物挥发和根系过滤四种类型。植物稳定主要是利用耐重金属植物或超累积植物降低重金属的活性，从而减少重金属被淋洗到地下水或通过空气扩散进一步污染环境的可能性；植物提取是利用重金属超累积植物从土壤中吸取金属污染物，随后收割地上部分并进行集中处理，连续种植该植物，可达到降低或去除土壤重金属污染的目的；植物挥发是利用植物根系吸收金属，将其转化为气态物质挥发到大气中，以降低土壤污染；根系过滤主要是利用植物根系过滤沉淀水体中重金属的过程，减轻重金属对水体的污染程度。

②生物修复

生物修复即利用微生物将土壤环境中的污染物降解或转化为其他无害物质的过程。主要是通过向土壤中施用某些高效降解菌，来实现有机化合物的逐步降解，尤其适合于农药残留物的降解，从而改变根际微环境。

③施用某些中微量元素肥料

例如施用硅肥，可减轻或清除土壤中重金属污染。据研究，增施硅肥后，硅肥所含的硅酸根离子与镉、汞、铅等重金属发生化学反应，形成新的不易被植物吸收的硅酸化合物而沉淀下来，并且增施硅肥后增加了作物根系的氧化能力，氧化了镉、铅等重金属元素，减小了它们的溶解度，从而抑制了作物对它们的吸收，有效地防止了重金属对果树的污染。

二、果树营养失调的危害与防治分析

（一）果树营养失调的危害与防治

在植物的营养生长阶段，土壤中的养分供应常因施肥不当，酸碱度、温湿度的变化和元素之间的拮抗等影响，出现持久性或暂时性的不足与过剩，植物本身也会因根系病害形成吸收障碍等，从而造成植物营养不良，并引发一些生理机能性的障碍或病害，即表现出一定的症状。不同的矿质营养元素在体内的移动性及再利用程度不同，症状的表现部位也不同，见表4-1。再利用程度大的元素营养缺乏时，可从植株基部或老叶中迅速及时地转移到新器官，养分的缺乏症状首先出现在老的部位；而不能再利用的养分在缺乏时，由于不能从老部位运向新部位，而使缺素症状首先表现在幼嫩器官。

表4-1　缺素症状出现部位与养分再利用程度之间的特征性差异

矿质营养元素种类	缺素症状出现部位	再利用程度
氮、磷、钾、镁	老叶	高
硫	新叶	较低
铁、锌、铜、钼	新叶	低
硼、钙	新叶顶端分生组织	很低

矿质营养不足与过剩都会出现相应的症状，下面逐一分述其失调症状与矫正措施。

1.果树氮素失调症状与对策

氮是果树生长发育所必需的重要营养元素，与果树的产量和品质关系最为密切。因此，施氮是果树生产上一项重要技术环节和主要成本投入。氮肥不足或施氮过多，都会给果树生长发育带来不良影响，造成产量下降，品质变差，直接影响果农的经济效益。

（1）果树氮素缺乏

①危害症状

氮素缺乏时，新梢生长细、弱、短；叶片小而薄，叶色变淡，从老叶开始变黄，光合效能低；花芽发育不良，易落花落果；果实小而少，产量低；树体易早

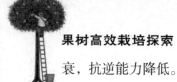

衰，抗逆能力降低。

②防治措施

A.培肥土壤。长远来说，要增施厩肥、堆肥、绿肥等有机质肥料，提高土壤的有机质含量，促进土壤团粒结构的形成，增加土壤的供氮能力。B.追施速效氮肥。对缺氮果树采取根部追施或叶面喷施的方式，为果树快速补充氮素营养。根部追施注意肥水结合，以便尽快发挥肥效。叶面喷施可用0.3% ~ 0.5%的尿素水溶液，间隔5 ~ 7天，连喷2 ~ 3次。

（2）果树氮素过剩

①危害症状

氮素过多时，营养生长过旺，枝叶茂盛，树冠郁蔽，内膛光照条件变劣，有机营养积累不足；花芽分化不良，早期落果严重，产量低，果实着色不良，品质下降，耐贮性差；病虫害加重，抗逆能力降低。氮素过多还会影响树体内其他元素的平衡状态，引起多种生理病害的发生。

②防治措施

对于氮素过剩，主要是控制氮肥用量，合理地进行氮、磷、钾肥配合施用。此外，在施用氮肥时要注意补充钙、钾肥料，防止由于离子间的拮抗而产生钙、钾缺乏症。

2.果树磷素失调症状与对策

（1）果树磷素缺乏

①危害症状

由于磷素在土壤中的有效性受土壤性质和温度等环境因子的影响很大，果树容易发生缺磷症。果树缺磷时，体内硝态氮积累、蛋白质合成受阻。外部表现新梢生长细弱，侧枝少，根系发育差。花芽分化不良，果个小、产量低；果实含糖量下降，品质差。严重缺磷时，叶片出现紫色或红色斑块，易引起早期落叶。

②防治措施

A.提高土壤供磷能力。因地制宜地选择适当农业措施，提高土壤有效磷。对一些有机质贫乏的土壤，应重视有机质肥料的投入。增强土壤微生物的活性，加速土壤熟化，提高土壤有效磷。对于酸性或碱性过强的土壤，则从改良土壤酸碱度着手。酸性土可用石灰，碱性土则用硫黄，使土壤趋于中性，以减少土壤对磷的固定，提高磷肥施用效果。B.合理施用磷肥。对于酸性土壤宜施钙、镁、磷肥，对中性或偏碱性土壤则要选过磷酸钙、磷酸铵等水溶性磷肥。施肥时结合有机肥混施，直接施到果树根部，可避免土壤对磷素的固定。叶面喷施效果更快，一般用1.0%磷酸铵溶液或0.5%磷酸二氢钾溶液，每隔7～10天喷一次，连喷2～3次。

（2）果树磷素过剩

①危害症状

磷过多时，容易引起土壤中铁、锌、铜、硼等元素的缺乏，从而使树体表现缺铁、缺锌、缺铜、缺硼等症状，影响果树正常生长发育。

②防治措施

通过控制磷肥的用量防止土壤中磷素的过量富集。也可通过增施钾肥等肥料，缓解过多磷素的影响。

3.果树钾素缺乏症状与对策

①危害症状

果树是需钾量大的作物，许多果树吸收钾的量要大于氮，但在果树生产中，人们常常忽视果树对钾的营养要求，施肥仍以氮为重，对钾补充很少，导致果树缺钾，缺钾时体内叶绿素被破坏，叶缘焦枯，叶子皱缩。其症状首先表现在成熟叶片上。中度缺钾的树，会形成许多小花芽，结出小而着色差的果实；抗寒性和抗病性减弱，腐烂病加重发生，严重影响果树的产量和品质。

②防治措施

缺钾症的防治，应土壤追施和叶面喷施相结合。成年果树株施硫酸钾0.5～1.0 kg或草木灰2～5 kg。叶面可喷施0.5%磷酸二氢钾溶液或0.3%～0.5%硝酸钾或硫酸钾溶液。

4.果树钙素失调症状与对策

（1）果树钙素缺乏

①危害症状

缺钙时，首先是根系生长受到显著抑制，根短而多，灰黄色，细胞壁黏化，根延长部细胞遭受破坏，以致局部腐烂；幼叶尖端变钩形，深浓绿色，新生叶出现斑点或很快枯死；花朵萎缩；核果类果树易得流胶病和根癌病。钙在树体中不易流动，老叶中含钙比幼叶多。有时，叶片虽不缺钙，但果实已表现缺钙。苹果苦痘病、水心病、痘斑病，梨黑心病，桃顶腐病，以及樱桃裂果等，都与果实中钙不足有关。

②防治措施

对因土壤溶液浓度过高引起根系吸收障碍的，土壤施用钙肥常常无效，一般适用叶面喷施。在新生叶生长期叶面喷施浓度为0.3% ~ 0.5%硝酸钙溶液或0.3%磷酸二氢钙溶液，一般每隔7天左右喷1次，连喷2 ~ 3次可见效。对于供钙不足的酸性土壤可施用石灰，碱性土壤施用石膏，每株500 g左右，与有机肥混施。

（2）果树钙素过剩

①危害症状

土壤中钙过多时，如在石灰性土壤上，常会拮抗对钾离子的吸收。钙过多，也会导致pH值升高，影响锰、铁、硼、锌、铜等元素的有效性，使果树表现出相应的缺素症，降低果品产量及品质。果农在使用石灰改良酸性土壤果园时，对此要特别注意。

②防治措施

土壤钙过剩时，应选用酸性或生理酸性肥料。石灰性土壤钙过剩，可亩施硫黄粉10 ~ 15 kg。

5.果树镁素失调症状与对策

（1）果树镁素缺乏

①危害症状

一般在酸性沙土、高度淋溶和阳离子代换量低的土壤，母质含镁量低的石灰性土壤，或酸性土过多施用石灰或钾肥时，土壤容易缺镁。幼树缺镁，易造成早期落叶，多在仲夏发生，有时一夜之间叶片基本落净。成年树缺镁，多从新梢基部片开始，轻则脉间失绿，呈条纹或斑点状，有的中脉间发生坏死；重则果实不能正常成熟，果个小，着色差，无香味。

②防治措施

矫正缺镁症，既可土壤施肥也可叶面喷施补充。对于土壤供镁不足造成的缺镁，当土壤pH值在6.0以上时，可亩施硫酸镁30 ~ 50 kg。当土壤呈强酸性时，可亩施含镁石灰（白云石烧制的石灰）50 ~ 60 kg，既供给镁，也可减弱酸性。许多化肥如钙镁磷肥都含有较高的镁，可根据当地的条件和施肥状况因地制宜加以选择。

对于根系吸收障碍而引起的缺镁，应采用叶面补镁来矫治。一般喷施1% ~

2%硫酸镁（$MgSO_4$）溶液，在症状激化之前喷洒，每隔7天左右喷一次，连喷3～5次，也可喷施硝酸镁等。

（2）果树镁素过剩

①危害症状

镁过多时，会造成树体内元素间的不平衡，如造成钙吸收不足，钾的缺乏，以及缺锌等。

②防治措施

控制氮、钾肥的用量。对供镁很低的土壤，要防止过量氮肥和钾肥影响果树对镁的吸收。

6.果树硼素失调症状与对策

（1）果树硼素缺乏

①危害症状

缺硼症状表现多样化，在生长点、花器官、果实上均会出现。缺硼时，不利于碳水化合物的输送和分生组织的分化，使顶端生长削弱，地下根尖细胞木质化，地上茎尖易枯死；花器和花萎缩，花而不实；叶片出现各种畸形；果实出现褐斑、坏死（缩果）等，如苹果树、桃树、梨树等缺硼易发生果实坚硬畸形，称缩果或石头果；葡萄缺硼，果穗扭曲，果串中形成多量的无核小果（小粒病），严重影响产量和品质。严重缺硼，可造成整个植株死亡。

②防治措施

当果树发生缺硼症状时，可用0.1%～0.2%硼砂溶液叶面喷布或灌根，最佳时期是果树开花前3周，硼砂是热水溶性的，配制时先用热水溶解为宜。当土壤严重缺硼时，可土施硼砂或含硼肥料，成年树施硼砂0.1～0.2 kg/株，与腐熟有机肥混合施用效果更好。施肥后，注意观察后效，以防产生肥害。

（2）果树硼素过剩

①危害症状

核果类的杏、桃、樱桃、李及仁果类的苹果、梨中可见硼中毒典型症状：小枝枯死，一年生和二年生小枝节间伸长；大枝流胶、爆裂；果实木栓和落果。苹果早熟和贮藏期短。核果类和仁果类，叶子沿中脉和大侧脉变黄。坚果类叶尖枯焦，接着脉间和边缘坏死，老叶先出现症状。

②防治措施

硼过多，可施用石灰以消除其毒害。

7.果树铁素缺乏症状与对策

（1）危害症状

果树铁素缺乏首先表现在迅速生长的幼叶上，叶片呈黄化或黄白化，然后向下扩展。叶肉失绿，叶脉仍保持绿色，少见斑点穿孔现象；严重缺铁时叶片细脉也会失绿，全叶出现白化，有的出现叶缘焦枯、坏死斑块。而枝条基部叶片保持绿色不变。缺铁会使新梢生长受阻，严重的会发生枯梢，病叶早脱落，果实数量少，果皮发黄，果汁少，品质下降。

（2）防治措施

缺铁症状一旦出现，矫治极为不易，应以预防为主。

改良土壤，提高土壤的供铁能力。在碱性土壤上，亩施硫黄粉15～20 kg，或其他酸性肥料，降低土壤的pH值，增加土壤铁的有效性。或将硫酸亚铁与有机肥混施，通过有机质对铁的螯合作用提高铁的有效性，二者之比为1∶（10～15），在春季萌发前环状根施，成龄果树每株用量25 kg左右。对于一些石灰性强、有机质贫乏、结构不良、排水不畅或地下水位高而极易发生失绿的土壤，要注意不断改善生产条件。在生产上有选择抗缺铁砧木品种来根治缺铁黄化的例子，如以小金海棠为砧木的苹果等。

应急措施，进行叶面喷施铁肥，也可进行树干注射法、灌根法。目前主要有硫酸亚铁、尿素铁、柠檬酸铁或Fe-EDTA、Fe-DTPA螯合物等。叶面喷施，尿素铁浓度为0.5%～1.0%，硫酸亚铁浓度为0.3%～0.5%（硫酸亚铁溶液随配随用，避免氧化沉淀失效）。树干注射可用0.2%～0.5%柠檬酸铁或硫酸亚铁溶液。

8.果树锰素失调症状与对策

（1）果树锰素缺乏

①危害症状

锰缺乏时出现类似缺铁、缺镁失绿症状，虽然其移动性较差，但多数果树从老叶出现症状，少数果树从新叶出现症状，叶片叶脉间褪绿始于靠近叶缘的地方，慢慢发展到中脉，褪绿呈现"V"字形，褪绿逐渐遍及全树。与缺铁区别在于新叶发病于叶片完全展开之后，也不保持细脉间绿色。与缺镁区别在于脉间很少达到坏死程度。苹果缺锰时，叶脉间失绿，浅绿色，有斑点，从叶缘向中脉发

展；严重缺锰时，脉间变褐色并坏死。果个小，质量差，横径大，呈扁圆形，且上色差。葡萄缺锰多发生在开花后，除脉间失绿黄化外，果实着色不一致，葡萄串中常夹杂青粒，光泽较差。

石灰性土壤、通气良好的轻质土壤，以及山坡顶部的土壤，锰的有效性较低，易表现缺锰症状。

②防治措施

叶面喷施硫酸锰溶液，浓度为0.3%，间隔7～10天，连续喷3～4次，每亩30～50升。酸性土壤的在溶液中加少量石灰更好。在酸性土壤上将硫酸锰和有机肥混施于果树根际也有很好效果。

（2）果树锰素过剩

①危害症状

有很多苹果锰中毒的报道，苹果锰中毒易引发粗皮病，严重削弱树势，春季发芽迟，新梢生长缓慢，新根生长量减少，严重的出现枝条死亡。

酸性土壤、黏重土壤、山根土壤及易积水的土壤，锰的有效性高，易表现多锰症状。

②防治措施

调节土壤pH值和增施有机肥。酸性土壤可施用生石灰，或偏碱性的硅钙镁肥、钙镁磷肥以中和土壤酸性。生产上还要完善果园排灌系统等。

9.果树锌素缺乏症状与对策

（1）危害症状

缺锌时，生长素减少，树体生长受抑制，枝条顶端生长受阻，节间缩短；叶片短而狭窄，有时出现缺绿斑点，聚生一起形成簇叶，称为"小叶病"。缺锌时，叶绿素合成受抑制，叶片易黄化。缺锌严重时，果实瘦小而坚硬。

（2）防治措施

可在早春（萌芽前）喷施硫酸锌溶液，其浓度为1%～2%，生长期间叶面喷施浓度为0.3%～0.5%，一般须喷2～3次，每次间隔5～10天；也可用5%硫酸锌溶液注射树干；或用3%硫酸锌溶液涂刷一年生枝条1～2次。

10.果树钼素缺乏症状与对策

（1）危害症状

叶片脉间黄化，植株矮小，严重时叶缘焦枯向上卷曲，形成杯状。柑橘缺

钼时叶片脉间呈斑点状失绿变黄，叶子背面的黄斑处有褐色胶状小突起（黄斑病）。冬季大量落叶。

（2）防治措施

首先，增施石灰、有机肥、磷肥、碱性肥料或生理碱性肥料有利于提高土壤中钼的有效性。石灰常用量每亩为50 ~ 100 kg，黏质土壤适当增加。其次，施用钼肥。通常用的钼肥是钼酸钠和钼酸铵，可以与有机肥混合后直接施入土壤。土壤钼肥用量每亩为25 ~ 60 g，有数年的残效。叶面喷施也有良好的矫治效果，通常用0.05% ~ 0.1%钼酸铵溶液均匀地喷1 ~ 2次就可见效。

11.果树铜素缺乏症状与对策

（1）危害症状

缺铜症状首先出现在较幼嫩的组织上，表现为失绿，叶细而扭曲，叶尖发白卷曲等。果树中如苹果、杏、桃、李等缺铜易发生枝枯病或顶端黄化病。其中苹果和桃等果树缺铜时，树皮粗糙出现裂纹，常分泌出胶状物，果实小而硬，易脱落；梨树缺铜症状为新梢萎缩、枯干（顶枯症）；柑橘类果树缺铜时新梢丛生，新梢上长出的叶片小而畸形，果皮上出现褐色赘生物。

（2）防治措施

多采用叶面喷施。所用硫酸铜溶液浓度为0.02% ~ 0.05%。用硫酸铜溶液直接喷施易发生肥害，可加0.15% ~ 0.25%熟石灰溶液，或配成波尔多液农药施用，既可避免叶面灼烧，又可起杀菌作用。喷施宜早不宜晚。

（二）土壤酸化对果树的危害与防治

1.土壤酸化的危害症状

（1）土壤酸化易造成钾、钙、镁大量淋溶

pH值低于6时，大量的钾、钙、镁离子被置换到土壤溶液中易被淋溶。所以，在pH值低于6的酸性土壤上易产生钾、钙、镁的缺乏症。土壤酸化和钾、钙、镁离子的淋溶是相互促进的。就是说，土壤酸化导致土壤中钾、钙、镁离子的淋溶损失，而钾、钙、镁离子的大量淋失又加剧土壤的酸化进程。

（2）影响元素的有效性

多种元素的有效性受土壤有机质含量、黏粒含量、pH值、氧化还原电位等许多因素影响。pH值为4.5 ~ 6.5时，大量的锰以有效态的二价锰形式存在，而

pH值低于4.5或高于8.0时，有效态锰就明显下降。在淋溶强烈的酸性土中，特别是沙质土，由于有效铜的大量淋溶，土壤中铜的可给性也降低。在酸性土壤条件下，氧化还原电位较低，铁被还原成溶解度高的亚铁。特别在地下水位低、排水不良的涝洼地，铁被强烈还原，可能发生亚铁中毒。硼在pH值为4.7～6.7的酸性土壤中溶解度增加，并以硼酸根存在于土壤溶液中，容易淋溶损失。另外，酸性土壤富含铁、铝，铁、铝对硼的吸附固定，影响硼的有效性。在pH值为3～6的条件下，钼以对果树无效的酸性氧化物形式存在，降低了钼的有效性。磷在酸性土壤中的有效性较低，易被固定而不能被果树吸收利用。土壤中的磷在pH值6.5左右时，有效性最高。土壤pH值低于6时，由于土壤中铁、铝的含量升高，磷易被铁、铝固定，生成难溶性的磷酸铁和磷酸铝。最初形成的呈胶状的无定形磷酸铁、磷酸铝对果树有一定肥效，后经水解又生成结晶较好的盐基性磷酸铁铝，有效性变低，经过很长时间，这些磷酸盐不断老化，形成闭蓄态磷酸盐，作物更难利用。而且酸性土壤中表面带有羟基的黏土矿物，还能使磷酸固定在黏粒表面，降低磷的有效性。

（3）果树发生铁、铝、锰中毒现象

土壤pH值为2.5～5.0时，铁、铝、锰的溶解度急剧增加，会对果树产生毒害作用，尤其铝在酸化土壤中溶解度升高，果树会产生铝中毒。

（4）土壤团粒结构受破坏

土壤酸化导致土壤中钙离子大量淋溶，使土壤的团粒结构遭到破坏，从而导致果园土壤通气透水性不良，降水或灌水后土壤易板结。

（5）微生物的活动受抑制

土壤酸化的条件下，即使土壤其他条件适宜，微生物的活动也受影响。土壤中氨化作用适宜的pH值为6.6～7.5，硝化作用适宜的pH值为6.5～7.9，微酸、中性或微碱性的土壤才适合于大多数土壤微生物的活动，以保持有机态和无机态养分间的动态平衡。

（6）不利于果树的生长发育

①影响土壤养分的供给状况进而影响果树的生长发育。②影响果树根系对养分的吸收。土壤酸化，土壤溶液中大量氢离子存在，根系吸附阴离子的能力增强，不利于钾等阳离子的吸收，从而影响果树的生长发育。③影响果树根系的代谢过程。果树根系的呼吸等代谢过程一般要在中性或微酸的条件下进行，土壤

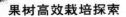

pH值过低则不利于这些代谢的进行，不利于根的生长，进一步影响果树的生长发育。

总之，土壤酸化不利于果树的生长发育和产量提高。而且在土壤酸化的情况下，果树根系易得根肿病，苹果易得粗皮病（锰中毒）等。但这些不利影响并非酸化土壤中过多氢离子的危害，而是由于土壤酸化影响了土壤中养分的溶解与沉淀，影响了土壤中养分的可给性和微生物的活动，影响了土壤结构，进一步影响根系对养分的吸收所致。

2.土壤酸化的防治措施

防止果园土壤酸化，尤其是酸雨对果园土壤产生的不利影响，需要全社会特别是环保部门的通力合作，并不是果树生产部门的力量所能及的，而高温多雨的强淋溶条件也是热带地区的果树生产所必须面对的事实。所以，从以下三方面防止果园土壤酸化是目前果业生产行之有效的措施。

（1）合理施用氮肥

这包括确定合理的氮肥用量和选择适宜的氮肥种类两方面。氮肥用量应根据果树对氮素的需要量和土壤供肥能力来确定。而肥料形态的选择要特别注意，生理中性的尿素是目前氮肥的主要种类，施用量控制好一般不易导致果园土壤酸化。若施用氯铵和硫铵等生理酸性肥料时，可以配施少量的石灰或有机肥。

（2）增施有机肥

增加有机肥的施用量可以提高土壤有机质的含量，有机质含量高可以增强土壤对外界酸碱物质的缓冲能力，从而防止土壤酸化。

（3）增施石灰

除了在酸性土壤上避免施用生理酸性肥料外，可以增施石灰，对已酸化的果园土壤进行改良。石灰需要量依土壤pH值的不同而定。

（三）土壤盐化对果树的危害与防治

当土壤含盐量达到土壤干重的0.3% ~ 1%时，就会明显地抑制作物生长，造成减产。盐化对果树的危害在沿海地区及山东、新疆、河北等地都有发生。但危害突出的是在棚室果树栽培中，随着果树棚室栽培年限延长，棚室内土壤盐渍化的程度也不断加重。棚室土壤盐渍化是典型的次生盐渍化，在大棚耕作层土壤中积盐多于脱盐而形成。首先是化肥施用量大，尤其是施用易溶于水，而不易被

土壤吸附的硫酸铵、氯化钾、硝酸铵等化肥；其次是灌水量大，带进了很多盐分；再次是土壤由于耕作深翻少、灌水次数多，土壤团粒结构变差，吸附与渗透盐分的能力减退；最后是棚室环境密闭，自然降雨淋溶淋洗作用轻，致使盐分残留在耕作层土壤之内。

1.果树盐害症状

果树种类不同，其抗盐性也不同，桃、杏的抗性较差，葡萄、枣则较强。砧木种类不同，其抗盐性也不同。在苹果砧木中，海棠比山荆子抗盐碱性强；在桃树砧木中，毛桃比毛樱桃抗盐碱性强。即使同一种果树在不同类型的土壤中栽培，其抗盐性表现也不同。沙质土、黏质土中栽培的果树其抗盐性较差，而在有机质含量高的土壤上栽培的果树其抗盐能力较强。一般情况下，土壤盐类浓度（盐渍化程度）对果树生长发育的影响可分为四个梯度：①总盐浓度在3000 ml/L以下，果树一般不受危害；②总盐浓度在3000 ~ 5000 ml/L，土壤中可有铵检出，此时，果树对水分养分的吸收失去平衡，导致果树生长发育不良；③总盐浓度达到5000 ~ 10 000 ml/L，土壤中铵离子积累，果树对钙的吸收受阻，叶片变褐，出现焦边，引起坐果不良，幼果脱落；④总盐浓度达到10 000 ml/L以上时，果树根系细胞普遍发生质壁分离，新根生发受阻，导致植株枯萎死亡。

2.果树盐害防治

（1）计划施肥，严格控制施肥量，并改进施肥方法

采用少量多次施肥法，防止一次施肥过量。同时要注意选择化肥的种类，硫酸盐、氯化物、硝酸盐类化肥要尽量少施或不施，可选用磷酸类化肥，如磷酸铵、磷酸二氢钾及尿素、碳酸氢铵等。在施肥中，切忌偏施氮肥，做到施用多元复合肥，配方施肥。

（2）增施有机肥料，提高土壤有机质含量

增施有机肥料能提高土壤有机质的含量，改善土壤的理化性状，增强土壤吸附与渗透能力，使土壤缓冲能力提高。但须注意施用的有机肥料，必须是经过充分腐熟的、优质的有机肥。

（3）地面覆盖

有效减少地表蒸发，在地下水位浅的地区更为重要，覆盖可抑制地下水上升，减缓盐分积累。使用地膜覆盖或地面撒施木屑、铺盖农作物秸秆，均十分有效。

第五章 脆枣与板栗高效栽培技术

第一节 脆枣高效栽培技术

一、优良品种选择

（一）伏蜜脆枣

伏蜜脆枣又名红丹脆枣，山东省费县主栽品种，果实短圆柱形，单果重16 g ～ 24 g，果皮薄而脆，白熟期浅绿色，成熟时花脸，赭红色占果实的70% ～ 80%。果核极小，糖分积累早，白熟期可溶性固形物17%，着色后达33%，可食率达95%。肉细酥脆，多汁无渣，味深甜，鲜食品质极佳，可与沾化冬枣相媲美。一般年份8月中进入白熟，8月下旬至9月上旬成熟。

该品种树势中庸，树冠开张，发枝力中等，树体小，枝系多披垂，结果母枝细小，圆柱形。幼树有针刺，成龄丰产树针刺少见。丰产性较强，当年栽植即可少量见果，第二年全部结果，第三年平均每株产5.3 ～ 8.2 kg，坐果稳，丰产稳产，对气候、土壤适应性强。抗轮纹病和炭疽病，是目前早熟鲜食枣中品质最好的品种之一。成熟期遇雨易裂果。

（二）月光

果实两头尖，近橄榄形，单果重10.0 ～ 13.0 g，果皮薄，深红色，果面光滑，果肉细脆，汁液多，酸甜适口，含可溶性固形物28.5%，可滴定酸0.26%，维生素C206.0 mg/100 g，可食率96.8%，鲜食品质优。在河北保定，果实8月中下旬成熟，果实发育期80 d左右。

树势中庸，发枝力弱，干性较强。抗寒性、抗缩果病能力较强，成熟期遇雨裂果较重，适于辽宁沈阳以南的山区和平原栽培。

（三）马牙枣

中早熟鲜食品种。果实中等，马牙形，纵径3.6 ~ 4.1 cm，横径2.2 ~ 2.4 cm，平均果重8.2 g，大小不均。果皮薄而脆，完熟时易剥离，白熟期呈浅绿白色，有光泽，着色后呈赭红色。果肉浅绿白色，汁多，味甜，可溶性固形物含量35.3%，酸0.67%，维生素C332.9 mg/100 g，可食率92.9%，品质上等。8月下旬果实成熟，果实生育期85 d左右。

树体中大，树姿直立，树势较强，发枝力中等。适应性强，结果力强，对土壤要求不严，但花期要求湿度气湿较高。

（四）京沧1号

果皮薄而脆，果肉厚，绿白色，肉质脆，汁液多，味酸甜。果实扁圆形，果肩平，果顶凹，果实颜色红，果面光滑亮泽，果实大小不整齐，平均果质量25.9 g以上，可溶性固形物含量27%以上，品质优良，VC含量达到290.5 mg/100 g以上，风味佳。4月中旬萌芽，5月中下旬进入初花期，6月初进入盛花期，6月底进入终花期；9月初进入果实白熟期，9月中旬进入果实脆熟期。11月初进入落叶期，果实生长期90 ~ 100 d。

该品种树势弱，树姿半开张，发枝力中等，成枝力弱，树冠自然呈圆头形。在一般适应枣树生长的栽培区均能正常生长结果，丰产稳产。当年生枣头具有很好的结果能力。嫁接苗及高接换头当年可结果，定植后3 ~ 5年进入丰产期。

（五）冬枣

优质晚熟鲜食品种。果实近圆形，果实中大，平均果重14.0 g，最大果重23.2 g，大小较整齐。果皮赭红色，薄而脆，果肉绿白色，多汁无渣，味甜。完熟期果实可溶性固形物含量40.0% ~ 42.0%，含水量70.0%左右，可食率96.9%，品质极优。在山东北部，9月底至10月上旬采收，果实生育期125 ~ 130天。果实鲜食采收期长，果实开始着色至完熟均可陆续采收上市。果实抗病性强，病果率低于2.0%，不裂果，抗风性较强，落果轻，耐贮藏。

树体中等，树姿开张，生长势较弱，不耐瘠薄、干旱，在黏壤、砂壤及轻度盐碱地上，均能较好地生长结果。结果龄期较晚，定植4～5年开始结果，结果稳定，产量中等。在加强肥水管理的条件下，生长季疏枝、摘心、花期环剥、喷施赤霉素等栽培技术可获高产。

（六）蜂蜜罐

原产陕西省大荔县，果实中等偏小，近圆形，平均果重7.7 g，最大果重11.0 g，大小整齐。果皮薄，鲜红色，有光泽，果面不平整，有隆起。果肉绿白色，肉质细脆，较致密，汁液较多，含可溶性形物25.0%～28.0%，品质中上，果核中大，可食率93.5%，8月底至9月上旬果实脆熟，9月中下旬完全成熟。

树体中等偏大，树势较强，树姿半开张，树冠自然圆头形。适应性较强，对土质要求不严格。幼树结果早，产量高而稳定，成熟期遇雨果实易裂，适于秋季干旱少雨的地区引种栽培。

（七）金丝4号

由金丝2号实生后代中选出，鲜食、制干品质均极优兼早实丰产、抗病、裂果极轻、花期适应较低温度的优良品种。果实长筒形，平均果重10.0～12.0 g，整齐度高。果皮薄而有韧性，浅棕红色，光亮艳丽。果肉白色，细脆致密，汁较多，味极甜微酸，可溶性固形物含量高达40.0%～45.0%（白熟期23.0%，半红期33.0%），可食率97.3%，制干率55.0%左右。鲜食品质极优，鲜食采收期长达20天左右。红枣浅棕红色，光亮美观，肉厚饱满，富弹性，熟食质细不面，清香甘甜，品质极优。在山东中部，果实9月底10月初完全成熟，果实发育期105～110 d。

树势较强，结果早，嫁接当年结果，并可充分发育成商品果。花量大，花朵能适应日平均温21℃的凉爽天气，坐果稳定，高产稳产。适应性强，在砂壤至黏壤质土上生长结果正常，耐瘠、耐肥，果实抗病、裂果极轻。适于我国南北枣区栽种。

（八）沾冬2号

山东沾化冬枣研究所选育，为极晚熟鲜食品种。该品种由"冬枣"中选出，果实扁圆形，平均果重21.9 g，最大果重37.5 g，整齐度较高。果皮赭红色，

果点中大，圆形，较明显，果肉绿白色，细嫩，多汁，酸甜，含可溶性固形物32.0%～38.0%，可食率97.9%，鲜食品质上等。在山东沾化，果实10月上中旬成熟，果实发育期110 d左右。

树体大，枝条直立，干性强，发枝力中等。抗旱，抗盐碱，较抗病虫。裂果稍重，需肥水条件较高，要求精细管理。

二、建园技术

（一）品种选择与配植

枣园应该按照经营目的、当地气候、土壤特点及地理位置等因地制宜地选择合适的品种。鲜食枣效益相对比制干枣高，对交通便利、周边地区社会经济及消费水平相对较高的地方选择不同成熟期配套的鲜食枣品种规划栽培，加长产品的采收期和销售期，提高经营效益。不同熟期品种的配比，应以采后贮藏性能好的晚熟品种为主，占50%～70%的比重；其次为中熟品种，占20%～30%的比重；最后为早熟品种，占10%～20%的比重。经营模式可以多样化，譬如采摘、商场供应等。引种或栽种前应着重了解计划栽种品种对土壤的要求和开花结果习性，以及花朵坐果对温度的要求和果实生长、成熟需要的积温条件等，做到适地适树、因地制宜。

枣树栽培品种中多数品种可以自花结实，不需要配植授粉树，但配植授粉树后，可明显提高坐果率；少数枣品种，因花粉不发育或发育不健全等，单一品种栽培结果不良，需要配植花粉多、亲和力强的品种作授粉树，如山东梨枣、义乌大枣、南京枣等。

（二）栽培方式

枣树栽种方式多种多样，可以按栽种目的、环境条件、品种特性选择适宜的栽种方式。传统栽培方式有普通枣园、枣粮间作和庭院式栽培。近几年随着生产的发展，宽行密植和设施栽培大量兴起。

1.普通枣园

我国传统纯枣园栽种模式，一般南北行向，株行距（3～6）m×（5～7）m，因所栽品种而异，长势弱的株行距可稍小，长势强的株行距应稍大，以防成龄后因树体高大，园内郁闭，影响果实产量与质量。普通枣园平均亩栽16～45株，栽植密度较小，前期产量较低，所以建园初期，一般建议临时密植或枣粮间作，临时密植株行距（2～4）m×（3～5）m，生长期间应及时整形修剪，防止空间郁闭和获得可观产量，3～4年时开始压缩临时株，给永久株留出生长空间，5～7年后隔行间伐，之后按传统普通枣园模式进行管理。

2.密植枣园

新发展枣园的主要栽培模式之一，该模式枣园密度大、树冠小，具有便于集约管理、土地利用率高、结果早、单位面积产量高、经济效益相对较好等优点。一般南北行向定植，株行距（1～3）m×（2～4）m，矮化栽培，树高一般控制在2 m左右，日常管理中需要较好地控制树冠大小和二次枝密度。

（三）栽植技术

1.栽植季节

长江以南气候温暖地区，从秋末冬初落叶到翌年春季发芽期间都可栽植。北方枣区可在秋季落叶后至封冻前栽植，但要注意培土防寒保墒。也可在春季土壤开冻后到发芽前栽植，这是北方主要栽植季节。栽植具体时间应根据当地气候特点、土壤和灌溉条件而定，关键是栽后能保护好土壤墒情。

2.挖栽植穴、沟

栽植穴按规划的株行距挖掘，穴深60～80 cm，穴径80～100 cm。高密植园，可按规划好的行距挖栽植沟，沟宽80～100 cm，沟深60～80 cm。挖掘时，表土和底土分放两侧。栽植穴、沟最好在夏季前挖掘，利用一个夏季风化改善部分土壤结构和杀灭部分病虫。

3.回填

将基肥与表土混合填于栽植穴（沟）下部，再回填底土，然后灌水沉实或等降雨沉实。基肥最好用有机质含量高、肥效长久的羊粪、兔粪等有机肥和高含氮磷钾的复合化肥，施肥量每穴施腐熟的羊粪、兔粪等有机肥20～25 kg，并掺加0.5 kg复合化肥及1 kg过磷酸钙。

4.栽苗

栽植前首先核实好品种，枣苗若是起苗后直接栽植，或保湿良好，苗根和地上部未失水，栽植前无须做额外处理，只须剔除劣质苗，修剪掉伤根，即可栽

植。若经长时间运输，苗木出现失水现象，须将其用水浸泡1天，再用50 mg/kg ABT生根粉浸泡1 h，然后栽植。栽苗时根据确定好的株距和苗木根系大小，在已经沉实好的定植带或定植穴上挖深宽大于苗木根系10 cm左右的定植穴，注意不要挖到施肥层，以免烧坏根系，然后将苗木置于穴中心，使根系舒展，扶直培土，培土时将苗轻微上提，调整栽植深度后，踏实，要求填土与苗根密接，不留孔隙，栽苗深度以保持苗木在苗圃中原来的深度为宜。最后整内宽100 cm，埂高20 cm的树盘，灌足水，待水下渗后，铲平穴面，铺覆1 m² 塑料薄膜，保墒增温。

5.保墒浇水

枣苗移栽不久，根系少，新根生长慢，必须保证穴土处于湿润状态，土壤含水量保持在田间最大持水量的65% ~ 70%为最好，若低于60%时，必须及时灌水补墒，促使幼苗尽快缓苗成活。

6.修剪与摘心

幼苗修剪应按枣园栽培模式进行，间作园和普通园的枣苗要保留顶芽，待达到培养第一层主枝高度后再摘心控长；已经截顶的枣苗，则疏剪去顶部第一个二次枝，以第一个侧芽代替失去的顶芽。苗干上部2/3的二次枝，每枝留3 ~ 5个壮芽短截，下部1/3全部剪除。密植园的枣苗，在苗干40 ~ 80 cm的腋芽上方1 cm处定干，剪口以下二次枝全部剪除。如苗木质量不好可留2个芽重短截，萌芽后选取一个生长旺盛的枣头重新培养主干，等到苗高80 cm以上时摘心。生长季随时注意抹除苗干下部40 cm以下萌生的腋芽和根颈以下部位萌生的根蘖。苗木长出5 ~ 8个二次枝，二次枝生长7 ~ 8节时，对发育枝和二次枝摘心，促使二次枝加粗生长，以形成健壮枣股。

7.补栽

建园时一般在行间或株间多定植5% ~ 10%的预备苗，待苗木展叶后，随时检查苗木成活情况，对未成活株，及时补栽。

8.越季防寒

夏末停止施氮，增加磷钾肥使用量，降低生长势，提高枝系成熟度；结合果园耕翻、施肥，在土壤封冻前，采取全园或树盘大水漫灌的方式，灌足灌透果园封冻水，并及时进行划锄保墒；越冬前，将稻草或麦秸等包裹主干，厚2 ~ 3 cm，草外包裹塑料膜防寒；利用玉米、高粱等作物秸秆，在果园风口处设立风障，以减轻冻害。

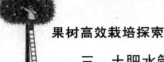

三、土肥水管理分析

（一）土壤管理

土壤管理的核心就是改土培肥。改土就是将枣园中不适合枣树生长的土壤，通过一定措施，对其理化特性进行改变或重造，打破土壤障碍层次，满足枣树对土壤的要求。培肥就是选择使用一些有机肥，增加土壤有机质。改土与培肥要同时进行，从而为枣树生长结果提供良好的供肥、供水的土壤条件。

1.改土方法

园地翻耕：这是枣园土壤管理最基本的工作，目的是疏松土壤，促进土壤矿质成分的风化和微生物繁衍活动，增进地力，并兼治土中越冬的害虫和散布地面的病原。翻耕一般在果实采收后结合秋施基肥进行，土质好的枣园翻耕深度为15 ~ 30 cm，近树干处浅，向外渐深；沙土地且土质差的枣园，在树冠以外的部位，进行60 cm以上深翻扩穴，上、下层沙土掺和，改良土质；土层浅的丘陵山地枣园，可用炮震法震松土壤和母岩，加深土层，即在树冠外缘钻出60 ~ 80 cm深的炮眼，装0.5 kg左右硝铵做炸药放炮，每炮松土面积可达1 m^{2}多；有水浇条件的地方，可常年进行翻耕，无水浇条件的山区，可在六七月雨季深翻。

枣园生草：枣园生草有防止和减少土壤水分流失、增加土壤有机质含量、改变土壤理化性质、减少果树缺磷和钙的症状、增大害虫的天敌种群数量、调节果园小气候、便于果园推行机械作业、防止冬春季风沙扬尘造成环境污染等优点。费县枣园生草可选择自然生草，但应注意选择具有矮秆、适应性强、耐荫、耐践踏、耗水量较少、与果树无共同病虫害、能诱引天敌、生育期较短等特性的草种。生草时应注意随时拔除具有高秆、深根和缠绕特性的恶性杂草，并在草高于40 cm时及时刈割，刈割高度10 cm左右，一般一年割3 ~ 4次，行间或株间生草的果园，割下的草覆盖于树盘上；全园生草则将割下的草就地撒开，也可与土混合，开沟后深埋沤肥。

2.培肥方法

（1）增施有机肥

有机质是土壤中的稳定因子，追肥灌水只有建立在这种稳定的基础上才能发挥作用。但是，大部分枣园土壤有机质含量偏低，因此有机肥的投入是提高土壤

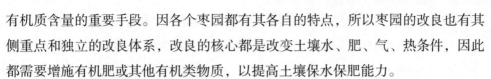

有机质含量的重要手段。因各个枣园都有其各自的特点，所以枣园的改良也有其侧重点和独立的改良体系，改良的核心都是改变土壤水、肥、气、热条件，因此都需要增施有机肥或其他有机类物质，以提高土壤保水保肥能力。

（2）地膜覆盖

根据不同目的可选用不同的地膜材料，如在幼树定植后，宜选用白色地膜，可增加早春地温和防止水分蒸发；为了保湿和防草可以选用黑色地膜；为了增加果实着色均匀，可以铺银色反光膜。

（3）有机物覆盖

有机物覆盖主要包括秸秆覆盖、稻草覆盖、树皮覆盖等。覆盖物会在地表形成一层土壤与大气热交换的障碍层，既可以阻止太阳直接辐射，也可以减少土壤热量向大气散失；土壤表层腐烂的秸秆使土壤色泽变黑，容重减少，土壤疏松、透气性好，能有效增加土壤有机质，改善土壤结构和土壤保水性。因此，覆盖条件下枣园内的土温年、日变化趋于缓和，低温时有"增温效应"，在春季有调节地温的滞后作用，可抗御"倒春寒"对枣树的危害，高温时有"降温效应"，在夏季高温时可降低土壤温度，防止干热风出现。

覆盖方法：覆盖最好连年进行，可以全园覆盖或结合生草行间覆盖，厚度15～20 cm，覆后每亩追施尿素5～7.5 kg，并浇一遍水，以利于覆盖物的分解腐烂，秋末冬初枣园翻耕时，将覆盖物翻压土中，翌年再铺覆新覆盖物。

（4）园艺地布覆盖

园艺地布有细密孔眼，可以调节土壤温度，缓解土壤温度的变幅，减小温度差，并能充分利用天然降雨，提高土壤水分，能有效解决地膜覆盖夏季地温高、地表透气性低、CO_2释放速率低、土壤微生物活性低等影响枣树根系生长的问题。这种方式可以和果园生草相结合，在有条件的地方大力推广。

（二）水分管理

枣树抗旱性虽然很强，但只有在生长季及时满足其对水分的需求时，才能充分发挥其生产潜力。合适的水分供应，有利于肥料的分解、吸收和利用，而且各种营养元素在枣树体内的运转也需要在水的参与下进行。水分不足，特别是生长期水分不足，容易造成减产、果实变小、品质下降。

1.灌溉方式

枣园栽培方式不同，灌溉方式亦不同。因为栽种方式影响着树体发育和根系

的分布状况，在大株行距的稀植背景下，树大根深，占据土壤面积大，可吸收水分总量多，因此对灌溉要求不严格，每次灌溉量大一些，下渗深层，减少次数。小株行距的密植园，树小根浅，土壤容量小，灌溉时要少量多次，既不渗漏，又及时补充根系密布层的水分，灌溉设施要求细致而严密。当前节约农业水资源最根本的途径是采用和推广必要的节水灌溉技术，如喷灌、滴灌、渗灌等。每种方式都各有优缺点，视枣园情况而定。

2.灌水时期

枣树在生长季对水分的要求是比较多的。从发芽到果实开始成熟，土壤水分以保持田间最大持水量的65% ~ 70%为最好。枣树在生长期中，特别是在生长的前期（花期和硬核前果实迅速生长期）对土壤水分比较敏感。当土壤含水量小于田间最大持水量的55%或大于其80%时，幼果生长受阻，落花落果加重；在果实硬核后的缓慢生长期中，当含水量降低到5% ~ 7%（沙壤土）或田间持水量的30% ~ 50%时，果肉细胞会失去膨压变软，生长停止，直到土壤水分得到补充后，果实细胞才恢复膨压，开始生长，此期缺少水分，容易使果实变小而减产，并影响果实质量。特别是北方枣区，在枣树生长的前期，正处在干旱季节，更应重视灌水，以补充土壤水分的不足，促进根系及枝叶的生长，减少落花落果，促进果实发育。

四、整形修剪技术

（一）幼树的整形修剪

枣树幼树期生长旺盛，幼树修剪应以整形为主，提高发枝力，加大生长量，迅速形成树冠。枣树成枝力弱，枝条较稀疏，不利于光合产物的形成和积累，树冠形成时间长，前期产量上升缓慢，因而增加幼树期枝量是此期修剪的中心任务，栽植后要早定干，促使早发枝，对于骨干枝上萌发的1 ~ 2年生发育枝，据空间大小对其短截，培养成中、小结果枝组。幼树修剪应以轻剪为主，注重夏剪，以增强树势，加速分枝，迅速形成结果能力强的结果枝组，逐年提高早期产量。在生长季，对于生长较旺的枝梢，根据空间大小，对新梢及时摘心，抑制其生长，促使其形成健壮枝；尽量少疏枝，要多留枝，促使树冠形成。开花前对当年萌发的发育枝进行摘心，以促使花芽分化和开花结果。对于多余无用芽在萌芽后应及时抹除；对于生长过旺的植株和枝应在花期环割，以提高坐果率。具体整形方法如下：

1.树形培养

定植后当年定干，定干时间应在早春发芽前进行，定干后应将剪口下的第一个二次枝从基部剪除，以利于将主干上主芽萌发的枣头培养成中心领导枝。接下来选择3～4个二次枝各留1～2节进行短截，促其萌发枣头，培养第一层主枝。对第一层主枝以下的二次枝应全部剪除，以节约养分消耗，加速幼树的生长发育。定干可根据园区类型，选择合适的高度，一般为0.4～0.8 m，如苗木质量不好可留2个芽重短截，萌芽后选取一个生长旺盛的枣头重新培养主干，等到苗高80 cm以上时摘心。

2.主、侧枝的培养

培养枣树主、侧枝常用以下四种方法。

（1）修剪调节自然萌生的发育枝

幼龄期树干上处于休眠状态的侧芽，有随枝龄增长，陆续萌生发育枝的习性。在生长势强的树上，2～3年生部位，都能长出强壮的发育枝，其可被选作骨干枝培养。夏季用撑、拉、别等方法，调整其延伸方向和开张角度培养成理想的主、侧枝。第二年春再次萌生发育枝继续延长生长，扩大树冠。

（2）夏季摘心、冬季疏剪二次枝

7—8月发育枝生长后期，对主、侧枝延长枝需要分生侧生骨干枝或结果枝组的部位摘心或短截，促进剪口下部的侧芽发育充分。冬季修剪时，再剪去剪口下2～3个二次枝，促使2个侧芽春季萌发，分别长成原枝的延长枝和侧生分枝。夏季摘心要适时，不能过重过早，以免剪口芽当年萌发，长成弱枝，达不到预期目的。

（3）重剪发育枝

对枝长超过1.0 m的分枝的主、侧枝，冬剪时可在一年生发育枝中部饱满芽处重截或回缩到多年生枝的适当部位，同时对剪口下的二次枝采取疏除或留1～2节重截处理，促使剪口芽和重截的二次枝春季抽生发育枝，作侧枝和结果枝组培养。

（4）刻芽

刻芽能刺激休眠芽抽生发育枝，填补缺枝空位。刻芽在春季树液流动后到萌发期进行，先在缺枝部位选择较饱满的芽，剪除其近旁的二次枝。再在芽上 1.0 cm处用细钢锯条横切1个伤口，深达木质部，长度超过芽体两侧各0.5 cm、宽0.3 cm。刻芽的枝条应达到一定的粗度，被刻枝条的直径应在2.5 cm以上，细枝刻芽萌发抽枝效果不佳。

3.结果枝组的培养

结果枝组的培养总的要求是枝组群体左右不拥挤，个体上下不重叠，并均匀地分布各级主、侧枝上。随着主、侧枝的延长，以培养主枝的同样手法，促使主枝和侧枝萌生枣头。再依据空间大小，枝势强弱来决定结果枝组的大小和疏密。一般主、侧枝的中下部，枣头延伸空间大，可培养大型结果枝组，当枣头达到一定长度之后，及时摘心，使其下部二次枝加长加粗生长。生长势弱，达不到要求的枣头，可缓放1年进行。主、侧枝的中上部，枣头延伸空间小，为保证通风透光条件，层次清晰，应培养中型枝组。生长弱的枣头，可培养成3～4个二次枝的小型枝组，安插在大、中型枝组间。多余的枣头，应从基部剪除，以节约养分，防止互相干扰。以后随着树龄的增大，主、侧枝生长，仍按上述方法培养不同类型的结果枝组。

（二）盛果期枣树修剪

盛果期枣树的修剪目的是保持良好的树体结构，使其枝叶密度适中，通风透光，并通过对结果枝的更新以维持较长的结果年限和较强的结果能力。结果的大树应本着以因树造形、疏枝为主、疏截结合、去密留稀、去弱留强的原则，按照原来枝系分布的状况，选定适当的树形，将过密枝、交叉枝、纤弱枝、病残枝、无用的徒长枝等均自基部疏除，使留下的大枝形成层次、方位、伸展角度合理的骨干枝系，改善各部位的通风透光状况，逐年培养健壮的枝组丰满树体，提高产量。对生长势弱的树，强壮的枣头一般不短截，如须分生枣头，可轻短截，枣头过多可适当疏除一部分。枣头二次枝可轻剪或不剪。对长势较强的树，应适当重剪短截。对衰老的枣头，要进行短截，并剪去剪口附近的1～2个二次枝，使其萌发新枣头。对主侧枝上的衰老枝和下垂枝，要进行回缩，以促使其萌发较强的枣头；对二次枝，除需要萌发枣头和生长过弱应适当短截外，一般不剪，使其多形成枣股。对盛果期枣树修剪的总要求是宜轻剪忌重剪。植株修剪后，枝条生长和分布情况如变化不大，可不必连年修剪，视以后发展情况再行修剪。

五、花果管理技术

枣的花量大，但落花落果严重，自然坐果率仅为1%左右。如何提高坐果率，减少落花落果，成为枣树能否丰产、稳产的重要制约因素之一。

（一）落花落果的原因

1.花期湿度低或花期阴雨

枣树是喜温的果树，开花期要求湿度较高，大部分枣品种花期适温为24℃～25℃，但经观察，有的品种则要求更高，如圆铃枣在花期气温低于25℃时即很少坐果。枣树的授粉和花粉发芽以气温24℃～26℃，相对湿度70%～80%为宜。花期气温偏低，影响枣花的开放和授粉受精，以致落花落果严重，坐果稀少。花期阴雨，减少了日照时数，气温降低，枣树光合作用下降，养分供应不足，也会影响坐果。

2.花期干旱

枣树花期降水少，土壤干旱，会降低树体生理机能，抑制坐果。花期空气过于干燥，相对湿度低于40%，则花粉发芽不良。高温、干燥，还易出现"焦花"现象。

3.大风

枣树花期、幼果期抗风力弱，花期大风，易增加落花落果量。同时，花期风大，访花昆虫活动少，也影响了枣花的授粉受精。果实成熟前多风，易出现"风落果"。

4.光照不良

枣树喜光，必须重视夏季修剪，冬夏剪结合。如放任生长或修剪不当，造成树冠郁闭、大枝过多、枝叶徒长，使枣树光照不良，光合作用受影响，则枣花量少且坐果不足，影响产量。

5.树体营养不良

枣树的花量大，花芽分化、开花坐果、幼果发育与枝叶生长同时进行，物候期严重重叠，消耗了大量的贮存营养。树体营养不良，易出现大量落花落果。山岭薄地，管理粗放的枣园，树体营养不良导致的落花落果更为严重。

（二）提高坐果率方法

1.适地建园

丘陵地应选择背风向阳的地块建园，避开花期易积冷空气的风口和低洼谷地。大面积枣园应建立防护林带。防护林带设主林带和副林带，主林带的方向与主要害风方向垂直。防护林带能有效地调节枣园的温、湿度，减少自然灾害。

2.合理配置授粉树

枣园一般不用配置授粉树，但一些自花不实的品种如"山东梨枣"则需要配置。配置的授粉树要与主栽品种花期一致，花粉亲和力强。

3.花期放蜂

枣花为典型的虫媒花，蜜蜂为最好的传粉媒介，花期将蜂箱均匀地摆放在枣园中，蜂箱间距不超过300 m，花期放蜂能使坐果率提升1倍以上。

4.合理整形修剪

枣树是喜光树种，合理整形修剪可以调整枣树的生长和结果的关系。改善树冠的通风透光条件，可以促进花芽分化，提高坐果率。冬剪时对交叉枝、重叠枝、病虫枝和过密枝从基部疏除，春夏季枣头基部萌发的徒长枝及树冠内膛萌发的无用枣股及时疏除，以改善树体光照，促进树体的光合作用。

5.花期环剥

枣树环剥能调节营养物质的运输与分配，使光合产物集中于枣树的开花和坐果的营养供应，从而提高坐果率。环剥大多应用在3年生以上枣树，时期一般在盛花期（开花4～6朵）。首次环剥在主干距地面15～20 cm，剥口宽度根据树干直径确定，一般为树干直径的1/10，最宽不要超过10 mm，以后每年上移5 cm，环剥后绑缚塑料或在环剥后3～5天喷施灭幼脲3号100倍液等药剂进行剥口保护，以后每隔10天左右喷施一次。

6.枣头摘心

一般是等枣头生长到一定节数后进行。摘心强度因品种和树势而异，一般树势强的可重摘心，梨枣等木质化枣吊结果能力强的品种宜重摘心。二次枝摘心可随生长随摘心，枣头中下部二次枝可留6～9节，中上部二次枝可留3～5节进行摘心。

7.花期喷水和生长调节剂

花期遇高温干旱，可在枣树盛花期8—10时，或16—18时对枣树喷水2～3

次，严重干旱年份可喷3～5次，每次间隔1～3天。同时在盛花期喷15.0 mg/kg赤霉素＋（2000～3000）倍芸苔素，以减少落花落果，提高坐果率。于采果前30～40天喷1～2次15.0 mg/kg的萘乙酸，防止采前落果。

8.加强树体营养

营养不良是枣树落花落果的主要原因之一，所以加强枣园的土肥水管理，改善树体营养状况对提高坐果率非常重要。枣树萌芽、花芽分化及开花坐果主要消耗的是前一年的贮藏营养，所以秋季宜早施肥，以枣果采收之前施入为好，此时阳光充足，昼夜温差大，叶片仍有较高的光合效能，有利于有机营养的积累。基肥可按1 kg枣果使用1.5～2.0 kg有机肥施入，适当配合施入一些复合肥和菌肥。在萌芽前、花期及幼果期结合浇水进行追肥。在花前、花期、幼果期和采果前进行叶面喷肥，根据不同时期可选择0.3%～0.5%的尿素、0.2%～0.3%的磷酸二氢钾、0.2%～0.3%的硼砂溶液和腐殖酸、氨基酸、糖醇钙、鱼蛋白等叶面肥，以改善树体营养状况。

六、病虫害防治技术

（一）病虫害高效防治策略

在枣树生产管理过程中，大多数果农对病虫害的综合防治没有一个系统正确的认识，只是简单地认为病虫害的防治就是使用化学农药，结果不按病虫害的发生规律盲目用药，甚至无法分清农药的毒性高低，随意选择，基本不使用农业防治、物理防治和生物防治方法，致使农药使用量越来越大，生产成本越来越高，但病虫害却越来越猖獗。其后果是不仅杀死大量天敌，也会产生药害，更为严重的是农药残留超标严重，破坏生态环境，严重影响枣的质量和品质。因此，需要对枣园的病虫害进行合理的综合防治。联合国粮农组织20世纪60年代对有害生物综合治理（IPM）的定义为：综合治理是有害生物的一种管理系统，它按照有害生物的种群动态及与之相关的环境关系，尽可能协调地运用适当的技术和方法，使有害生物种群保持在经济危害水平之下。因此，枣园实施病虫害综合防治，实行绿色化、标准化生产，农业、物理、生物防治是我国枣园管理生产的必然趋势。

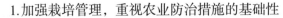

1.加强栽培管理，重视农业防治措施的基础性

农业防治是以防治农作物病、虫、草害所采取的农业技术综合措施，调整和改善作物的生长环境，以增强作物对病、虫、草害的抵抗力，创造不利于病原物、害虫和杂草生长发育或传播的条件，以控制、避免或减轻病、虫、草的危害。通过加强和改进栽培管理措施，选用抗（耐）病虫品种、直接清除病虫源以营造不利于病虫害发生的环境条件，从而提高农业防治的有效性。农业防治主要有以下三种措施。

（1）彻底清洁果园

结合冬季修剪，彻底剪除枝干上越冬的病、虫枯梢，清扫残枝落叶、杂草，刮除老、翘树皮，集中烧毁或深埋。这样就可消灭大量越冬病菌孢子，以及害虫的卵、蛹、成虫，从而大大减少病虫发生的基数。

（2）合理修剪

果园郁闭增加诱发黑斑病、叶斑病等叶部病害的概率，同时也能为绿盲蝽等害虫的繁殖和猖獗提供有利条件。因此，果农必须对果园进行合理修剪，改善园内通风透光条件。修剪带病树枝后要注意工具消毒，防止继续修剪时传染给健壮树。

（3）科学施肥与浇（排）水

合理施肥、浇水，提高果树抗逆、抗病能力，是防止降低病虫害发生率的关键，也是生产优质果品的基础。生产中应注意不要过量施用氮肥，以免引起枝叶徒长，诱发病虫，应多增施腐熟的有机肥，增强树势。果园浇水应避免大水漫灌，尽量采用滴灌、穴灌等措施，有效控制果园空气湿度。雨后要及时排水，防止内涝。

2.利用害虫的习性，提高物理防治的效果

物理防治是指利用各种物理因子或器械防治害虫的方法。如利用害虫的趋光性，在桃小食心虫、棉铃虫、绿盲蝽、金龟子类的成虫及大多数鳞翅目害虫成虫发生期，于园内安装黑光灯、杀虫灯可有效控制园内虫口密度；利用害虫的趋化性，在园内放置糖醋液可诱杀果蝇、金龟子等害虫；3月底，在距地面50 cm的树干上涂粘虫胶，可粘住螨类、枣粉介、枣粘虫、枣瘿蚊等；利用害虫的假死性，在树体下铺塑料膜，振动树体，使金龟子、金缘吉丁虫、大灰象甲掉落在塑料膜上，然后将其收集起来集中消灭；利用害虫越冬场所的固定性，8—9月在树

干、大枝杈处绑草把，可诱集螨类、蜡类、草履蚧等害虫大量聚集越冬，在早春害虫出蛰前将草把清出园外、集中烧毁。

3.应用生物技术，提高生物防治的应用前景

生物防治是利用了生物物种间的相互关系，以一种或一类生物抑制另一种或另一类生物。它的最大优点是不污染环境，是农药等传统防治病虫害方法所不能比的。当前适合在枣园大量人工繁殖释放的天敌有苏云金杆菌、昆虫病原线虫、白僵菌、捕食螨、赤眼蜂、草岭、瓢虫、寄生蝇等。

4.合理应用化学防治，做到因地制宜

在化学防治过程中必须做到合理使用农药，并遵循"严格、准确、适量"的原则。首先，要搞好预测预报，合理安排喷药时间和用药种类，做到有针对性防治。其次，要严格执行农药安全间隔期限、防治适合期，对症下药，准确选择施药方式、剂量和次数，禁止盲目加大农药的浓度和用量。最后，尽量选择植物源、生物源、矿物源、昆虫生长调节剂等农药。

（二）主要病害及关键防治技术

1.枣锈病

枣锈病又称枣雾、串叶病，是危害叶片的一种流行性真菌病害，在全国各地枣树产区均有发生。该病常在枣果膨大期至转色期引起大量落叶，导致树势衰弱、枣果不能正常成熟或提前落果，严重影响枣果品质和树体的生长发育。枣树早期落叶后出现的二次发芽，还影响来年产量和品质。

症状：枣锈病的病原菌只为害叶片。发病初期，叶背的中脉两侧、叶尖和叶片基部散生淡黄色小点，后渐凸起呈暗黄褐色，即病菌的夏孢子堆。夏孢子堆埋生于表皮下，成熟后表皮破裂，散放出黄色粉状物（夏孢子）。后期，在叶片正面与夏孢子堆相对应的地方出现不规则的褪绿小斑点，逐渐失去光泽，最后干枯、脱落。落叶先从树冠下部开始，逐渐向上蔓延，严重时全树叶片落光，致使枣果不能正常成熟。落叶上夏孢子堆旁边有时形成黑褐色、稍凸起的冬孢子堆，但不突破叶的表皮。

发病规律：枣锈病病原菌主要以夏孢子在落叶上和枣吊中越冬，这是翌年最重要的初侵染源，其他初侵染源来源于外来或枣股中越冬的夏孢子。6—7月雨水多、湿度大时，夏孢子开始萌发，从气孔侵入叶片，10天左右叶片出现症状，产

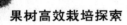

生夏孢子，之后靠风雨传播，进行再侵染。7月下旬树体出现病症，并有少量落叶出现，到8月中下旬，叶片大量脱落。每年的发病早晚和轻重与当年温度、湿度高低有关。降雨早、连阴天、空气湿度大时发病早且严重；反之则轻。树下间作高秆农作物、通风不良的枣园，发病早而重。

防治方法：

（1）农业防治

加强果园管理，改善栽培条件，增施有机肥，增强树势，提高枣树的抗病力；合理修剪，树体保持通风透光；雨季及时排除枣园内的积水。

（2）化学防治

注意提前预防枣锈病的发生。春季萌芽前用5波美度石硫合剂清园，7月上旬、7月下旬和8月上旬，每隔10～15天用25%吡唑醚菌酯悬浮剂2000倍，或60%吡唑醚菌酯·代森联水分散粒剂800倍液，或70%丙森锌可湿性粉剂700倍液、1：2：200（硫酸铜：生石灰：水）倍量式的波尔多液等药剂交替喷洒，即能有效控制病害发生。如天气干旱，可适当减少喷药次数或不喷；如果雨水较多，则应增加喷药次数。一旦发生，可选择12.5%四氟醚唑水乳剂1500倍液、10%苯醚甲环唑水分散颗粒剂1500倍液、12.5%腈菌唑乳油2000倍液、25%嘧菌酯悬浮液1500倍液等药剂+0.3%磷酸二氢钾溶液交替喷洒2～3次，可有效控制病害继续蔓延。

2.枣炭疽病

枣炭疽病俗称"烧茄子"病，是枣树果实的主要病害之一，多在枣近成熟时开始发病，感病后的枣果品质下降，重者丧失经济价值。枣炭疽除危害枣果外，还危害苹果、桃、葡萄、核桃、杏等果树。

症状：该病主要为害果实，也侵染叶片、枣吊、枣头和枣股。果实染病后，在果肩或果腰的受害处最初出现淡黄色水渍状斑点，逐渐扩大为不规则黄褐色斑块，中间产生圆形凹陷。病斑连片后呈黑色，病果味苦不能食用。病果在潮湿条件下，病斑上能长出许多黄褐色小突起及粉红色黏性物质，即为病原菌的分生孢子盘和病原菌的分生孢子团。炭疽病一旦在染有缩果病的枣果上感染，黑褐色病斑的发生非常迅猛，落果严重。叶片受害后变黄绿色，早落，有的呈黑褐色焦枯状悬挂在树枝上。枣吊、枣头、枣股被侵染后，不表现症状，而以潜伏状态存在。

发病规律：炭疽病菌以菌丝体潜伏于枣头、枣股、枣吊及病果、僵果内越冬。翌年分生孢子借风雨从自然孔口、伤口或直接穿透表皮侵入。枣炭疽病一般在枣树开花时就可进行侵染，但当时不发病，待到果实近白熟期才出现病症。病菌在田间有明显的潜伏侵染现象，其潜伏期的长短与气候条件和树势强弱有密切的关系。当地降水早且连阴雨天时，发病时间早且重，在干旱年份发病轻或不发病；管理水平高、树势健壮的枣树发病轻，反之则发病重。

防治方法：

（1）冬季清扫枣园落地的枣吊、落叶、病虫枝，并予烧毁或翻耕土地进行掩埋，减少侵染来源；刮除树干、大枝及枝干分杈处的老翘皮、病皮、虫蛀皮等，刮皮的深度以皮层微露黄绿色为宜。

（2）合理修剪，增施有机肥，减少氮肥用量，提高树体抗性。

（3）萌芽前喷3～5波美度石硫合剂，以杀死潜伏在树体上越冬的病原菌。幼果期先用一次杀菌剂消灭树上病源，可选70%甲基托布津800倍液、50%多菌灵800倍液、25%吡唑醚菌酯3000倍液、10%苯醚甲环唑1500倍液等；临近发病期可结合枣锈病防治，7月中用75%肟菌戊唑醇水分散颗粒剂6000倍液、30%溴菌咪鲜胺可湿性粉剂1500倍液与倍量式波尔多液200倍液或77%可杀得可湿性粉剂400～600倍液等药剂，间隔10～15天交替喷洒3～4次。

3.枣疯病

枣疯病又名丛枝病、扫帚病，是枣树毁灭性病害，一旦发病翌年就很少结果，发病3～4年后即可整株死亡，对生产威胁极大。枣疯病遍布于我国华北、西北、华东、华南等各枣区，尤以河北、山西、山东、河南等省发病较重。

症状：枣疯病一般于开花后出现明显症状，主要症状因发病部位不同而异，枝叶丛生及叶片黄化为该病的主要特征。其具体形态有以下五种。

（1）枝芽病变

丛枝状发病枝条的顶芽和腋芽大量发生，形成丛生枝；芽不正常萌发，萌发枝上的芽不断萌发；丛生枝条纤细，节间短，形成叶片小而黄的丛生状，冬季不易脱落。

（2）花变成叶

花器退化，花柄延长，萼片、花瓣、雄蕊均变成小叶，雌蕊转化为小枝。

（3）叶片病变

先是叶肉变黄，叶脉仍绿，以后整个叶片黄化，叶的边缘向上反卷，暗淡无光，叶片变硬变脆，有的叶尖边缘焦枯，严重时病叶脱落。花后长出的叶片都比较狭小，具明脉，翠绿色，易焦枯。有时在叶背面的主脉上再长出一片小的明脉叶片，呈鼠耳状。

（4）果实病变

病株上的健枝仍可结果，枣果大小差异很大，果面着色不齐或有花脸状绿斑，有的病果小而狭变为锥形，有的果面有疣状凸起或坑洼不平，严重的病果干缩或变黑脱落。

（5）根部病变

病树主根由于不定芽的大量萌发，往往长出一丛丛的短疯根，同一条根上可出现多丛疯根。这些丛生的病根长到0.3 m左右长时，便停止生长而死亡，其母根也相继死亡。

发病规律：大多数研究人员认为枣疯病的病源是植原体，可通过嫁接、环剥、修剪、根蘖繁殖、叶蝉等传播。据多年观察，枣疯病一般是在一个枝或几个枝的枣股上先发病，有的是根蘖先发病或与枝条同时发病，而后扩展到全株，所以，枣疯病是一种系统性侵染病害。邻近松柏林和结果过量的枣园易感染发病。植株发病后，由于芽的不正常萌发，大量破坏分生组织，消耗养分，使树体衰弱，最后导致全株死亡。发病后，小树1～2年，大树3～5年，即可死亡。

在生产中传播枣疯病的途径主要有两类。

①媒介昆虫传病

传病昆虫主要有凹缘菱纹叶蝉、橙带拟菱纹叶蝉和中国拟菱纹叶蝉，它们在疯病树上吸毒后，转移到健树上取食，健树就被感染。

②嫁接传病

无论是切接、皮接、芽接和枝接，只要有一方（接穗或砧木）带病，即可使嫁接株发病，嫁接后的潜育期，最短25 d，最长382 d。潜育期长短与嫁接部位、时间有关。

防治方法：

第一，生产中一旦发现病树应立即刨除，要刨净根部，以免萌生病苗。

第二，选用抗病品种或砧木。选用抗病的酸枣和具有种仁的枣品种作砧木，以培育抗病品种，这是防治枣疯病的根本措施。

第三，培育无病苗木，加强苗木检疫，在嫁接时，应注意搞好嫁接工具的消毒，以防该病交叉感染。

第四，消灭传毒叶蝉，一般可选择吡虫啉或螺虫乙酯或氟啶虫酰胺等药剂＋高效氯氟氰菊酯等菊酯类农药进行防治。

第五，新建枣园附近不要栽种松、柏、桑等树，严禁与芝麻间作，以减少叶蝉基数。

第六，注意加强水肥管理，对土质条件差的要进行深翻扩穴，并增施有机肥，磷、钾肥及菌肥，缺钙土壤要追施钙肥，以改良土壤性质，提高土壤肥力，增强树体的抗病能力。

第七，使用设施栽培或防虫网覆盖进行预防。

4.枣褐斑病

枣褐斑病是我国北方枣区的一种重要病害，主要分布于山东、山西、河南、河北、陕西、北京和安徽等地。近几年来，该病的发生日趋严重，流行年份病情严重的果园病果率达50%以上。

症状：该病主要侵害果实，一般在八九月枣果膨大发白、将要着色时大量发病。枣果前期受害，果肩和果顶部位出现浅黄色不规则病斑，边缘较清晰，以后颜色也加深变成红褐色，除病斑外，其他部位的果肉既不腐烂也不变色。病组织松软呈海绵状坏死，味苦，不堪食用。

发病规律：病原菌以菌丝、分生孢子、分生孢子器在病僵果和枯死的枝条上越冬。翌年，分生孢子借风雨、昆虫等传播，从伤口、自然孔口或直接穿透枣果的表皮层侵入。病原菌在6月下旬落花后的幼果期开始侵染，但不发病，病原菌侵入后处于潜伏状态。果实接近成熟时，果实内部生理生化性质发生改变，潜伏菌丝迅速扩展，导致果实发病。

防治方法：

（1）搞好清园工作。清除落地僵果，结合修剪去除枯枝、病虫枝，并集中烧毁，以减少发病来源。

（2）加强栽培管理。对发病的枣园增施农家肥，增强树势，提高抗病能力。枣林须通风透光，降低湿度，以减少发病。

（3）发芽前喷3～5波美度石硫合剂清园，消灭树体上越冬的病原菌。

（4）幼果期（6月下旬）开始喷药保护，隔15天左右喷布1次，共喷3～4次。药剂可选择60%吡唑醚菌酯·代森联水分散粒剂700倍液、10%苯醚甲环唑水分散粒剂1000倍液、1∶2∶200倍的波尔多液等药剂交替使用。同时也可兼治枣锈病。

5.枣果霉烂病

枣果实上经常发生的霉烂病有枣软腐病、枣红粉病、枣青霉病、枣曲霉病、枣木霉病。枣果霉烂病在我国各大枣区普遍发生，尤以河南、安徽、河北、陕西等省发生较重。在枣果采收期、加工期和贮藏期，常有大批果实发生霉烂，不能食用，造成很大损失。

为害症状：

（1）枣软腐病。枣果受害后，果肉发软、变褐、有霉酸味。病果上先长出白色的丝状物，随后又在白色丝状物上长出许多大头针状的小黑点，即为病原菌的菌丝体、孢囊梗及孢子囊。

（2）枣红粉病。枣果受害后，果肉腐烂，有霉酸味。受害果实上有粉红色霉层，即为病原菌的分生孢子和菌丝体的聚集物。

（3）枣曲霉病。霉烂的果实有霉酸味。受害枣果表面生有褐色或黑色大头针状物，即为曲霉菌的孢子穗。

（4）枣青霉病。受害果实变软，果肉变褐、味苦。病果表面生有灰绿色霉层，为病原菌分生孢子串的聚集物，边缘白色，即为菌丝层。

（5）枣木霉病。枣果受害后，组织变褐、变软。病果表面生有深绿色的霉状物，即为病原菌的分生孢子团。

发病规律：各种病菌孢子广泛分散于空气里、土壤中及枣果表面。当枣果有创伤、虫伤、挤伤等损伤时，霉菌孢子萌发后立即从伤口侵入。采收后，由于果实含水量过高，若遇阴雨天又未及时晒枣，堆放一起，温度过高，极易发生霉烂。贮藏时期温度过高或通风不良时，也易引起霉烂。

防治方法：

第一，采收时应防止挤压、损伤，尽量减少病菌的入侵机会。

第二，将采收的果实及时烘干处理，可减少霉烂。

第三，贮存前剔除伤果、虫果、病果，放在通风的低温处，防止潮湿。

6.枣缩果病

枣缩果病又名枣铁皮病、枣干腰缩果病，俗称雾焯、铁焦、黑腰、干腰、雾燎头等，已成为枣果实病害中为害最为严重的病害之一。

为害症状：受害果多数先是肩部或胴部出现淡黄色斑，后逐渐扩大为不规则的凹陷病斑，病斑处果肉呈土黄色，松软、萎缩，果柄暗黄色，易提前形成离层，遇阴雨天病果极短时间内大量脱落；未脱落的病果后期病斑处微发黑、皱缩、干瘦，病组织呈海绵状坏死，维管束变褐、味苦、不堪食用，无经济价值。田间还有另外一种缩果症状，枣果实整个似失水萎蔫状，果实微苦，变色较健康果实早，果柄易形成离层，易脱落，此种缩果病的危害面积和危害程度较小。

发病规律：枣树皮、枣枝、枣头等是枣缩果病菌的越冬场所。病原菌主要通过风雨作用使果面摩擦而造成的伤口侵入危害，这是侵染的主要途径之一。另外害虫为害果实造成的伤口也是病原菌的侵入途径之一。枣缩果病的发生与枣果的生育期密切相关，一般从枣果梗洼变红到1/3变红时，枣肉含糖量18%以上，pH值为5.5 ~ 6，气温为23℃ ~ 26℃时，是该病的发生盛期，特别是阴雨连绵或夜雨昼晴的天气，最易暴发成灾。

防治方法：

（1）选育和利用抗病品种。

（2）加强枣树管理，增施有机肥和菌肥，增强树势，另外枣树花期喷施0.25%硼肥溶液，提高枣树自身的抗病能力。

（3）防治好小绿叶蝉、盲蝽蟓等刺吸式口器害虫。

（4）果实膨大期，每隔10天全园连喷2 ~ 3次4%中生春雷可湿性粉剂1000 ~ 1500倍液，或47%春雷王铜1500 ~ 2000倍液+微量元素叶面肥。

7.枣轮纹病

轮纹病又称黑腐病、浆果病。该病在河北、河南、山东、安徽等省均有发生。果实近成熟期发病，发病后常提前脱落，品质降低，不能食用。一般年份损失率为20%，严重时损失率达40%以上。

症状：该病主要为害果实及1 ~ 2年生枝。果实发病主要在脆熟期，果实受害后，先出现褐色、水渍状的小斑点，后迅速扩大为红棕色圆形轮纹状（故称轮纹病）或纵向扩展为棱形凹陷病斑。受害枣果轻者果肉变褐变软，有酸臭味，不能食用，重者全果浆烂，以后失水皱缩变为黑色僵果（故又称黑腐病）。后期病斑处出现较大的瘤状黑色霉点，即病菌的分生孢子器，当空气湿度大时，自霉点内涌出较长的白色丝状分生孢子角缠绕果面。枝条感病后通常以皮孔为中心，产生褐色近圆形病斑，病斑质地坚硬，边缘下陷，形成一圈凹陷的环沟，第二年在病斑上产生深褐色小粒，即病菌的分生孢子器，病组织失水干缩后，周缘翘起。

发病规律：病原菌以菌丝体、分生孢子器和子囊壳在病果或病枝上越冬，以僵果的带菌量最高。翌年春天当气温达15℃以上时，产生孢子，借风雨传播，由气孔或伤口侵入枣果及枝条，进行初传染。枣轮纹病菌具有潜伏侵染和再侵染特性现象，初侵染的幼果不立即发病，病菌潜伏在果皮组织或果实浅层组织中，潜伏期长，待果实停止生长后，转色期或变白期即出现症状，着色期是发病高峰期。果实发病后期可产生分生孢子器和分生孢子进行再侵染，晾晒期和贮藏期同样可以发病。枣轮纹病的发生和流行与树势、气候、树下间作物、其他病虫害的防治情况等密切相关，弱树发病重，壮树发病轻，降雨多而早的年份发病重，尤以7—8月出现连阴雨天，病害易流行。枣树行间间作高秆作物如玉米、高粱等发病重，矮秆作物发病轻。

防治方法：

（1）科学施肥，增强树势是防病的关键，切忌偏施氮肥或氮磷肥。

（2）合理修剪，剪除病虫枝和枯枝，改善树体通风条件。

（3）生长期及时摘除和捡拾落地病果，剪除病枝、枯枝，刮除病斑，并集中深埋或烧毁。

（4）注重防治红蜘蛛、绿盲蝽、桃小食心虫等害虫，减少害虫造成的伤口，防止病菌侵染，增强树体抗病性。

（5）发芽前喷3 ~ 5波美度石硫合剂或1：1：100倍波尔多液清园。

（6）7月初开始喷药防护，药剂可选择43%戊唑醇悬浮剂3000倍、50%多菌灵可湿性粉剂600倍、80%代森锰锌可湿性粉剂600 ~ 800倍、30%苯醚甲环唑、代森锰锌悬浮剂4000倍、60%戊唑·多菌灵水分散粒剂1500倍、70%甲基硫菌灵可湿性粉剂700倍等药剂交替轮换使用，每隔15天左右喷施一次。

（7）避免枣果创伤，成熟度不同的枣果要分别晾晒，并拣出虫果、伤果、病果，减少病原菌再侵染。

（8）贮藏期要严格控制温度湿度。贮藏期要保持通风，防止高温、高湿引起病害的发生。

8.裂果

裂果为生理性病害，在枣果膨大期至成熟期均可发生，但以枣果成熟期发生较多，此期如遇长时间阴雨天气，往往造成巨大损失。

症状：果面上产生不规则裂纹或裂缝，品质降低，易诱发病菌感染，造成果实腐烂。

发生特点：夏季高温多雨，果实近成熟期果皮变薄是主要因素，前期干旱、后期多雨、赤霉素用量过多、果实缺钙、管理粗放、土壤板结、药害均可加重裂果现象发生。

防治方法：

（1）选择抗裂性好，成熟期能避开阴雨季的品种。

（2）合理修剪，增施有机肥，适量喷施赤霉素，幼果期和果实膨大前期及时补钙，保持土壤水分供应均衡，避免药害。

（三）主要虫害防治技术

1.桃小食心虫

桃小食心虫简称"桃小"，又名桃蛀果蛾，俗称"钻心虫"，属鳞翅目，蛀果蛾科。

分布与危害：桃小食心虫广泛分布于华北、东北、华中、西北、华东等地，在西北与华北的枣和苹果产区危害最重。除为害枣树外，还可为害苹果、梨、桃、山楂等。幼虫在枣果内枣核周围蛀食为害，被害果内充满虫粪，提前变红、脱落，严重影响枣果的产量和质量。

形态特征：成虫体长5～8 mm，翅展13～18 mm，全体灰褐色。前翅中部近前缘处有一蓝黑色近似三角形的大斑，翅基部及中央有黄褐色或蓝褐色的斜立鳞毛，后翅灰白色。卵椭圆形，初产时淡红色，后渐变为深红色。卵壳上有许多不规则多角形网状刻纹，顶部环生2～3圈"Y"字形毛刺。末龄幼虫体长3～16 mm，头黄褐色，前胸背板暗褐色，体背其余部分桃红色。蛹长6～8 mm，淡黄至黄褐色。

发生规律：1年发生1～3代，以老熟幼虫结扁圆形茧在土中越冬。越冬幼虫主要分布在树干周围1m范围的土壤中，以土壤深度3～10 cm处居多。翌年5月中旬幼虫遇雨陆续出土，6月上中旬为盛期。幼虫出土后，在树干、石块、土块、草根等缝隙处结夏茧化蛹。蛹经过9～15天羽化。6月下旬至7月上旬为成虫发生较多的时期，8月中旬结束。成虫白天潜伏于枝干、草丛及树叶等背阴处，日落后开始活动，深夜最为活跃，交尾产卵，卵多产在枣叶背面基部，少数产在果实的萼洼、梗洼和果皮的粗糙部位。卵经7～10天孵化为幼虫，多从枣果近顶部和中部咬破果皮蛀入果内，先在果皮下潜食，果面可见到淡褐色潜痕，不久便可蛀至枣核，并在枣核周围边取食边排粪，使枣核四周充满虫粪。幼虫在果实内生活17～20天后老熟，咬一扁圆形的孔脱出果外。桃小的发生与温度、湿度密切相关。越冬幼虫出土始期，当日平均气温达到16.9℃、地温达到19.7℃时，如果有适当的降水，即可连续出土。温度在21℃～27℃，相对湿度在75%以上，对成虫的繁殖有利；高温、干燥对成虫的繁殖不利，长期下雨或暴风雨抑制成虫的活动和产卵。

防治方法：

（1）地面防治

适用于桃小重发区。在越冬幼虫出土期地面施药，将越冬幼虫毒杀于出土过程中。药剂可选择48%毒死蜱乳油300～500倍液、50%辛硫磷乳油200～300倍等喷洒树盘，或者选择15%毒死蜱颗粒剂2 kg/亩或50%辛硫磷乳油500 g/亩与细土15～25 kg充分混合，均匀撒施。施药后应浅锄或盖土，以延长药剂残效期，提高杀虫效果。地面防治同时也要及时清除虫果，从7月下旬开始，每隔7～10天振落虫果1次，集中处理，减轻下代或翌年桃小食心虫的危害。

（2）生物防治

5月下旬至6月上旬，在桃小食心虫越冬幼虫出土前，在果园地面喷施澳大利亚引进的新线虫或泰山1号线虫（1亿～2亿条/亩）。由于食心虫多在距树干1 m范围内的土中，其余的在距树干1 m外的树冠下，因此在距树干1 m之内喷施线虫多些，1 m外施用少些，但要喷施均匀，不漏喷。另外，还须注意对附近枣园和苹果园内桃小食心虫的防治，以巩固防治效果。也可使用桃小性诱剂在越冬代成虫发生期进行诱杀。寄生菌主要是白僵菌，可在幼虫初孵期喷施。

（3）树上喷药

防治适期为幼虫初孵期。常用药剂有用1%的甲维盐1000倍液加25%的灭幼脲3号800倍液，或者用甲维盐与高效氯氟氰菊酯等菊酯类农药的混配制剂加800倍25%的灭幼脲3号或14%高氯氯虫苯2000～3000倍液等。

2.枣瘿蚊

枣瘿蚊俗称卷叶蛆、枣叶蛆、枣蛆，属双翅目，瘿蚊科。

为害症状：以幼虫为害红枣、酸枣的叶片、花蕾和幼果，并刺激叶肉组织，使受害叶向叶面纵卷呈筒状。叶片受害后呈紫红色，质硬而脆，不久就变黑枯萎；花蕾被害后，花萼膨大，不能开放；幼果受蛀后不久变黄脱落。

形态特征：雌成虫体长1.4～2 mm，全身密被灰黄色细毛，前翅透明，后翅退化为平衡棒。复眼大，黑色肾形，触角念珠状14节，黑色细长，各节近两端轮生刚毛。腹背隆起黑褐色。足3对，细长黄白色。腹末产卵器管状。雄成虫外形与雌虫相似，但腹部小，触角发达，其长度超过体长的一半。卵长约0.3 mm，长椭圆形，一端稍狭，有光泽。幼虫体长1.5～2.9 mm，乳白至淡黄色，体节明显，无足，蛆状。蛹长1～1.9 mm，纺锤形，初化蛹乳白色，后渐变黄褐色。

生活习性及发生规律：河北、甘肃、河南、山东省每年发生5～7代，以老熟幼虫在树冠下土壤内做茧越冬。翌年4月成虫羽化，产卵于刚萌发的枣芽上，4月中下旬幼虫开始卷叶为害，5月上旬进入为害盛期，嫩叶卷曲成筒，1个叶片有幼虫5～15头，直到9月中旬甚至10月上旬仍有为害。6月上旬成虫羽化，平均寿命2天。幼虫老熟后从受害卷叶内脱出落地，入土化蛹。为害花蕾的幼虫在花蕾内化蛹，羽化时蛹壳多露在花蕾外面。为害幼果的幼虫在果内化蛹。该虫可为害枣树的不同器官，因而各虫态的发生很不整齐，形成世代重叠。老熟的末代幼虫于8月下旬开始入土做茧越冬。一般情况下，枣瘿蚊喜欢在树冠低矮、枝叶茂密的枣枝或丛生的酸枣上为害，树冠高大、零星种植或通风透光良好的枣树受害轻。

防治方法：

（1）清除树上、树下叶，虫枝、果，并集中烧毁，减少越冬虫源。

（2）4月中下旬枣树萌动时，可选择70%吡虫啉水分散颗粒剂6000～8000倍液、50%氟啶虫胺腈水分散颗粒剂10 000倍液，或者22.4%螺虫乙酯悬浮剂或70%吡蚜、呋虫胺3000倍液等药剂，每隔10天喷1次，连喷2～3次。

3.绿盲蝽

绿盲蝽又名牧草盲蝽，属半翅目，盲蝽科。

为害症状：全国各果产区都有发生。寄主主要有枣、苹果、樱桃、梨、葡萄、李、大豆、烟草、棉花等。成虫和若虫刺吸枣树的幼芽、嫩叶、枣吊、花蕾和果实。被害叶芽先呈现失绿斑点，随后变黄枯萎，随着叶片的伸展，逐渐变为不规则的孔洞，叶片出现裂痕、皱缩等症状，俗称"破叶疯"；花蕾受害后停止发育而枯死脱落，受害严重的枣树花蕾几乎全部脱落，以至绝产；枣吊受害不能正常伸展而弯曲，形似"烫发"；幼果受害后，有的出现黑色坏死斑，有的出现隆起的小疤，其果肉组织坏死，大部分受害果脱落，严重影响枣果的产量和品质。

形态特征：成虫体长 5.0 ~ 5.5 mm，近卵圆形，黄绿至绿色，较扁平。触角 4 节，淡褐色。前胸背板、小盾片为绿色，前胸背板多刻点，前翅膜质暗灰色，半透明。卵长约 1 mm，黄绿色，长椭圆形，稍弯曲，似香蕉状，具白色卵盖。若虫体绿色，有黑色细毛，翅芽端部黑色。

生活习性及发生规律：年发生 4 ~ 5 代，10 月下旬以卵在枣、桃、石榴、葡萄、棉花枯断枝茎髓内及剪口髓部越冬。越冬卵于次年 4 月上中旬遇雨孵化。枣树发芽时即开始上树为害，该虫第一代发生盛期在 5 月上旬，为害枣芽和嫩叶；第二代发生盛期在 6 月中旬，为害枣花及幼果，是为害枣树最重的一代；第三、第四、第五代发生时期分别为 7 月中旬、8 月中旬和 9 月中旬，成虫寿命 30 ~ 40 天，这三代对枣树的直接为害减轻，主要为害棉、豆类、玉米等农作物和杂草。绿盲蝽的发生与气候条件关系密切。相对湿度达 65% 以上时，其卵才能大量孵化，气温在 20℃ ~ 30℃，相对湿度 80% ~ 90% 时，最适于绿盲蝽的发生，而高温低湿则不利于其发生。由于其飞翔力较强，常白天潜伏，不易被发现。多在清晨和夜晚爬到叶、芽上取食为害，受惊后爬行迅速。同时因其个体较小，体色与叶色相近，不容易被发现，等到发现其对枣果为害严重时，绿盲蝽已长成成虫，此时已错过喷药时机，防治困难。

防治方法：

（1）人工防治

冬季彻底清除杂草及其他植物残体，刮除树干及枝杈处的粗皮，剪除树上病残枝、枯枝并集中销毁，可以减少越冬卵量。

（2）药剂防治

在成虫若虫发生期集中统一用药，在春季气温稳定在 10℃ 以上时，及时对枣园内及附近农作物喷药，防治初孵第一代若虫；在枣树萌芽期结合其他枣树害虫防治进行喷药。这两次用药是全年防治的关键，以后各代视发生情况进行防

治。可选择的药剂有4.5%高效氯氰菊酯乳油2000 ~ 3000倍液，或10%联苯菊酯乳油2000 ~ 3000倍液，或1.8%阿维菌素乳油4000倍液+25%噻虫嗪水分散颗粒剂4000 ~ 5000倍液，或50%氟啶虫胺腈水分散颗粒剂10 000倍液，或22.4%螺虫乙酯悬浮剂或70%吡蚜、呋虫胺3000倍液，或3%啶虫脒2000 ~ 2500倍液等，但须注意气温高于25℃时使用啶虫脒才可获得最佳防效。喷药时着重喷树干、地上杂草及行间作物，做到树上树下喷严、喷全。

4.红蜘蛛

枣红蜘蛛属蛛形纲、蜱螨目、叶螨科，又称朱砂叶螨、棉红蜘蛛，南北各枣区均有发生，除为害枣树外，还为害棉花、豆类、茄子等大田作物和桑树、桃树等树木。

为害症状：红蜘蛛以成螨、幼螨和若螨集中在叶芽与叶片上取食汁液为害，被害植株初期叶片出现失绿的小斑点，后逐渐扩大成片，严重时叶片呈枯黄色，提前落叶、落果，引起大量减产和果实品质下降。

发生规律：北方地区每年发生12 ~ 15代，南方各枣区每年发生18 ~ 20代。以雌成螨和若螨在树皮裂缝、杂草根际和土缝隙中越冬。翌年3月中下旬至4月中旬，枣树萌芽时出蛰为害活动。该虫除两性生殖外，还有孤雌生殖习性，成螨一生可产卵50 ~ 150粒，卵散产，多产于叶背。成螨、若螨均在叶片背面刺吸汁液为害。6—8月时该虫发生高峰期，高温、干旱和刮风利于该虫的发生与传播，气温高于35℃时，停止繁殖。强降雨对其繁殖有抑制作用。10月中下旬，开始越冬。

防治方法：

（1）合理修剪、合理负载、减少氮肥使用量，增加有机肥和菌肥用量，果园生草，以增强树势。

（2）枣树萌芽前全园包括地边防护林、围墙喷洒5波美度的石硫合剂；9月树干绑缚草把进行诱杀；冬季刮除老翘树皮、解除草把，集中烧掉消灭越冬虫源。

（3）5月中旬后及时进行园间害螨调查，当单叶片平均有害螨量4 ~ 5头时就要及时做好防治，可选用3000 ~ 5000倍30%乙螨唑腈悬浮剂或6000倍22%阿维、螺螨酯悬浮液或6000倍45%联肼、乙螨唑液等杀螨剂交替喷洒2 ~ 3次。

第二节　板栗高效栽培技术

一、优良品种选择

（一）蒙早

山东省果树研究所与费县果茶服务中心、费县掌枢院果树种植专业合作社共同选育的优质早熟品种。1997年通过实生选种途径选育，母树位于费县大田庄东渐富村掌枢院西山，原名"蒙山早栗"。

蒙早树冠圆头形，树姿较开张。结果母枝粗壮，长20 cm，粗0.72 cm，抽生果枝比例64.2%。每果枝平均着苞2.1个，着苞数量均匀，结果母枝耐短截，短截后基部芽可抽生枝结果。刺苞含坚果2.9粒，出实率40.2%，空苞率3.2%。坚果美观，红褐色，均匀整齐，单粒重10.2 g，干物质中含可溶性糖17.6%、淀粉54.4%、蛋白质7.7%、脂肪0.7%。耐贮藏，冷库贮藏120天后腐烂率仅6.2%。在山东费县8月下旬果实成熟，果实发育期81天。自然降水条件板栗园盛果期树单位投影面积产量0.59 kg/m^2，折合产量315 kg/亩，丰产，稳产，嫁接亲和强。对照品种"宋家早"树姿较直立，枝条细长，不耐短截，空苞率10% ~ 30%，有大小年现象，盛果期树单位投影面积产量0.35 kg/m^2，折合产量186 kg/亩，"蒙早"在丰产稳产性、耐贮藏性和嫁接亲和性方面优于"宋家早"。

（二）蒙冠

蒙冠为优质早熟品种，原名"蒙山二早"。蒙冠树冠圆至扁圆形，树姿开张，枝条平展，透光性好，结果母枝粗壮，粗0.75 cm，抽生的结果枝占63.3%。总苞椭圆形，大，单苞重118 g，每苞平均含坚果2.8粒，苞皮中等稍厚，厚度1.4 mm，空苞率1.7%，出实率41.5%。坚果呈椭圆形，红棕色，均匀，充实饱满，单粒重14 ~ 16 g。果肉黄糯，细腻香甜，干物质中含可溶性糖15.06%、淀粉59.2%、蛋白质8.2%、脂肪0.7%，品质优良，适宜炒食。耐贮藏，在冷库贮藏120天后腐烂率仅6.0%。在山东费县9月初果实成熟，果实发育期86天。自然降水条件板栗园盛果期树单位树冠投影面积平均产量0.56 kg/m²，折合亩产量308 kg，丰产、稳产。对照品种"处暑红"枝条细弱，每结果母枝抽生结果枝比例低，单位树冠投影面积产量0.46 kg/m²，折合产量248 kg/亩，冷库贮藏120天后腐烂率为15.06%。新品种"蒙冠"在坚果品质、丰产性、稳产性、耐贮性方面优于对照品种"处暑红"。

（三）蒙硕

蒙硕为优质早熟品种，原名"蒙山3号"。蒙硕树冠自然圆头形，树姿开张，枝条较软，结果母枝粗壮，长26.0 cm，粗0.8 cm，每结果母枝抽生结果枝比例高，结果枝占抽生枝量的68.8%。总苞椭圆形，苞皮稍厚，平均每苞含坚果2.8粒，空苞率为4.0%，出实率45.7%。坚果近圆形，红褐色，外形美观，单粒重13～15 g，整齐饱满；果肉黄色，细糯香甜，含水分51.1%，干物质中含可溶性糖17.6%、淀粉59.1%、蛋白质7.9%、脂肪0.8%，品质优良，适宜炒食。耐贮藏，冷库贮藏120天后腐烂率仅5.0%。在山东费县9月初成熟，果实发育期87天。自然降水条件板栗园盛果期树单位树冠投影面积产量0.54 kg/m²，折合产量289 kg/亩。其对红蜘蛛抗性强。"蒙硕"在坚果品质、丰产性、出实率、耐贮性、对红蜘蛛抗性等方面均优于"处暑红"。

（四）蒙山魁栗

该品种于20世纪80年代从费县马头崖乡大良村实生栗树中选出，母株树龄38年，是目前炒食栗品种中单粒重最大的品种，具有早实丰产优质等优良性状。该品种与莱西大油栗、郯城207并列为山东三个大果型资源。

坚果红褐色半毛栗，平均单粒重15 g，黄肉，大小整齐，干样品总糖量20%，蛋白质5.46%，淀粉69.9%，品质上等。果实成熟期9月下旬，涩皮易剥，糯性强。适于炒食，耐贮藏。该品种幼树较直立，叶片肥大浓绿，枝条粗壮，芽体饱满，雌雄花序比例为1：3.5，结果母枝平均抽生果枝2～5条，每苞内平均坚果2～3粒，苞刺稀而短，出实率为47.5%，每平方米树冠投影面积平均产量为0.6 kg。用2年生幼砧嫁接第二年结果，第三年平均株产1～6 kg。

（五）鲁栗2号

山东省果树研究所通过实生选种途径选育的中晚熟新品种，树冠圆头形，树势中庸，盛果期树形开张，主枝分枝角度50°～60°，多年生枝黄绿色，1年生枝灰绿色，皮孔椭圆形、白色、小、密、纵向排列，混合芽三角形，大而饱满。叶片椭圆形，较厚，深绿色，叶尖渐尖，锯齿斜向，叶面平展，向内卷曲呈舟状。刺苞椭圆形，平均单苞质量74.9 g，苞柄长0.5 cm，苞皮厚1.21 mm，苞刺中密、硬、粗度中等、分角小，刺长1.51 cm，每苞含坚果2.7粒，出实率45.1%，空苞率4.0%，成熟时"一"字形开裂，此时刺苞刺束仍为绿色为其显著特征。坚果圆至椭圆形，深褐色，果顶与果肩齐平，果面有深褐色纵线，茸毛极少，光亮美观，充实饱满，平均单粒质量11.23 g，整齐一致，底座小，接线呈月牙形，果肉黄色，细糯香甜，涩皮易剥离，干样品含总糖18.51%、淀粉61.0%、蛋白质9.25%、脂肪1.6%。适宜炒食，耐贮藏，0℃～4℃冷藏120 d腐烂率仅5.3%，商品性优。9月中旬成熟。高接4年平均单株产量3.9 kg，产量4253 kg/hm²，丰产稳产，抗逆性强，适栽范围广。

二、栗园建立

（一）板栗对环境条件要求特点

板栗对环境条件的要求有两大特点：一是喜暖湿，二是忌盐碱。对盐碱地的敏感性，板栗在各种温带果树中最为特殊，性喜湿润，但对旱地、寒冷环境有相当强的抵抗力，从南到北，从东到西，除极少数高寒地带和石灰岩形成的黏重土壤或pH值大于7及含盐量高于0.2%土壤不宜栽培外，全国大部分地区皆可栽培板栗。

（二）苗木繁殖技术

1.砧种采收、贮藏

砧种大多采用实生板栗，实生板栗具有出芽率高、苗木旺的优点。种栗须充分发育成熟后采收，采收有两种方法。一是母树的栗苞开裂30%时，用竹竿敲落，堆于铺有5 cm厚沙子的场地上，堆高50～60 cm，堆宽100 cm，堆好后在堆上浇清水，浇水量以堆下有清水流出为宜，浇水后在堆顶铺盖一层5～10 cm厚保湿、透气的湿草或湿草帘等覆盖物。在气温降至0℃以前，将栗苞平铺，用耙子轻轻搓碎苞皮，拣出栗子，进行贮藏。二是捡拾栗子，在栗子成熟，开始自行脱落后，随时捡拾，并立即把栗子与两倍的含水量60%的湿沙混拌，然后在荫棚下堆起，堆高50～60 cm，堆宽100 cm，最后在堆顶盖上一层2 cm厚的湿沙，气温降至0℃以前贮藏。贮藏一般采用露天窖藏，具体方法是在土壤上冻以前，选地势高、不积水的阴凉处，挖一宽100 cm，深50 cm，长度随种量而定的贮藏窖，窖底铺一层10 cm厚，含水量60%的湿沙；然后把种子用两倍同样湿度的湿沙拌匀装到窖子里，一直装到离地面15 cm，上面填满湿沙，湿沙高出地面20 cm，以利于防寒、排水；如果种子多，可每隔1 m竖一个直径10 cm、高1.2 m的秸秆把，以保持贮藏堆透气性，贮藏期间窖内温度0℃～4℃为宜。有条件的育苗户也可贮藏于冷库0℃～4℃的环境下，但必须袋装，单层摆放，并且敞口保存。

2. 苗圃地选择

苗圃地应选择地势平坦、土层深厚、土质疏松、排灌方便的地块，老苗圃、黏土地、低洼地不宜用作苗圃地。苗圃地育苗前应进行秋翻，秋翻前每亩撒施有机肥3～4方+硫酸钾复合肥100 kg+辛硫磷颗粒剂5～10 kg，然后深耕30～40 cm，耙平做内宽80 cm，埂高20 cm的畦备用。

3. 苗期管理

板栗幼苗不抗旱、不耐涝，雨季来临之前，4—6月应视苗圃地情况灌水2～3次，8—9月秋季遇旱也应灌水，灌水时结合中耕除草，松土保墒。雨季结合苗木生长情况，适当追施一次氮肥，每亩追施尿素10 kg，8月上旬进行第二次追肥，每亩追施硫酸钾复合肥10～15 kg。栗苗当年茎秆基部应达到0.6 cm，苗木高度80 cm，并有健全根系。

4. 苗木嫁接

如须出圃成品苗，翌年春季可在4月初砧木芽萌动期嫁接，多种嫁接方法均可使用，如劈接、切腹接、插皮舌接、双舌接、单舌接。

（三）实生苗就地改接

先栽种实生苗（砧木苗）然后待缓苗后第二年再嫁接的方法。比栽植嫁接苗具有以下优点：一是栗一年生壮苗移栽最易成活，两年生时根系恢复能力大为减弱，以两年生嫁接苗上山下滩，不仅增加了栽植成本，而且增加成活缓苗难度；二是各地品种差异大，异地调苗木不如看树适应情况调接穗，方便且符合栽培者要求。鉴于以上情况，在今后相当长的时期内，板栗建园仍以栽植（或用种子直播）实生苗，而后就地嫁接为主，栽植嫁接苗为辅。

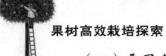

（四）栗园建立

1.山地建园

山地建园与平地建园的最大不同是受小地形、小气候的影响，即使在很小的范围之内，也有沟谷、山梁、阳坡、阴坡、土深、土浅等差别，应随土层、坡向、地形做出规划，因地制宜栽植。土石相间的小型地块，要整成外高里低的大鱼鳞坑，目的是实现"水不下山，土不出田"，并逐年扩大鱼鳞坑的范围，便于培肥地力和方便施肥操作。也可根据地形，沿等高线修成梯田，梯田的宽度根据高地条件，可窄可宽，但越宽越好。一般应掌握株行距在（2～3）m×（3～3.5）m之间。

2.平地建园

因板栗为低产作物，经济效益较低，栗园一般不会建在肥沃良田上，所谓平地，一般都是指河滩平地，不少河滩地地势平坦，但因浮沙较多或淤泥处于深层，不宜农作，却非常适宜栽培板栗，如搞好果园间作，不但具有较好的经济效益，也兼具生态效益。如果不宜搞间作，建议于树盘或行间覆草或行间生草，覆草厚度在15 cm左右，并注意防火；生草可选择自然生草，但应选择不木质化、低秆、一年一生的本土草种，并注意草高于40 cm时及时刈割。

3.建园注意事项

（1）选用优良品种并注意授粉品种的选择和田间搭配，授粉品种与主栽品种最远不能超过15 m。

（20板栗园面积、株数规模尽量要大些，一是因为板栗的单株经济产量较低，面积太小形不成规模产量和商品效益。二是因为有规模才能依靠科技适当降低成本，发挥板栗耐粗放管理之优势。三是规模经营便丁提高专业管理水平，接受先进科学技术。

（3）板栗传统的稀植大冠栽培方式低效、迟效，所以建议新植栗园适当采用密植栽培方式，山地栗园株行距控制在（2～3）×（3～3.5）m，平地栗园株行距控制在（3.5～4）×（4～4.5）m。并有计划地采取间伐，谨防果园郁闭造成光照恶化，降低产量和效益。

三、栽培技术要点

（一）土肥水管理

板栗多栽于立地条件较差的山坡地及河滩沙地，这种水分养分不足的基本条件是造成低产的重要原因之一，因此，加强土肥水管理，改善营养条件是实现稳产、高产的基本措施。

1.土壤管理

（1）深翻熟化土壤

深翻能有效地改善土壤的通气条件，从而促进土壤微生物的活动，为板栗根系生长创造良好环境，深翻的时间以秋季叶枯后至封冻前最好，深翻时应结合施入杂草、落叶、圈肥等有机质为最好。深翻深度一般为30～40 cm。

（2）扩大树穴

随着树体的长大，原树穴已不能满足板栗根系的生长需要，造成新根少、树势弱、结果少等问题，应及时进行扩穴。扩穴的时间以秋末为宜，结合秋施基肥进行，穴深60 cm左右，宽80 cm左右，新扩穴与栽植穴一定要刨通，回填时最好在基肥下部压入些杂草、秸秆等。

（3）树盘、行间管理

①生草

生草可防止水土流失、改善栗园小气候、防寒防冻、减少病虫害、培肥地力及降低人工除草成本，栗园生草也可以以自然生草为主。

②覆草

板栗园覆草是20世纪70年代末80年代初推广的一项果园土壤管理措施，可有效保持土壤水分、稳定地温、增加土壤有机质，覆草时间一般在6—8月，厚度15～20 cm，覆盖材料可选择草及作物秸秆等，覆草后应每亩增施尿素10～15 kg，有利于草的腐熟，最后再压少量土，防止火灾。

③间作

为了提高前期板栗园经济效益，在幼树期可进行适当间作，注意间作物应为矮秆作物，例如花生、地瓜、豆类等。

2.栗园灌溉

河滩地栗园由于地下水位高，一般不用灌溉，但山地栗园则需要在关键时期灌水。关键时期有两个：一是4—5月份若久旱无雨，又无灌水，板栗树不仅当年雌花数量少，而且果枝的饱满芽数量少，严重影响当年的产量，也将影响第二年的产量，因此，在有条件的地区，一定要浇水，没有条件的地区，在早春进行地膜或秸秆进行土壤覆盖保墒；二是成熟前2～3周，此时充足的水分供应能明显增加单粒重，如遇干旱，一定要灌水，能把损失降到最低。

目前，费县大多板栗种植区不具备灌溉条件，可适当推广"地膜覆盖，穴施肥水"的方法，此方法是一种简便、投资少、效果好的方法，适宜在山地栗园推广应用。

（二）密植板栗园的改造

20世纪70年代末80年代初，果农为追求前期产量，所建的板栗园普遍密度过大，进入盛果期后，园片整体已经郁闭，产量逐年下滑，病虫害发生严重，经济效益非常低，必须加以改造。改造方法有以下两种。

1.实生苗建园

目前费县存在大量建园时采用实生苗建园的板栗园，树体高大、管理难度大，产量、效益极低，须进行改接换头。具体做法如下：

（1）接穗采集

接穗选用适应当地条件，健壮母树上的强发育枝，粗度0.8 cm以上，在通过冬季休眠后未发芽前进行采集，费县通常在3月上旬。接穗采集后剪成4～5节，长度12～14 cm的小段，进行蜡封，蜡封好的接穗放置于低温处或冰箱冷藏室备用。

（2）嫁接时期及方法

嫁接的时期一般在萌芽前后，树液开始流动时，费县在3月下旬到4月上旬。嫁接的方法主要用插皮接、插皮舌接、腹接。

2.优质嫁接苗建园

对于这类密植园，果农进行改造的原则是：降密度、降树高、防空膛、防结果部位外移过快。具体方法如下：

（1）降密度

对于过密的栗园，果农当年应先隔行去行，第二年根据通风透光的情况，再决定是否隔株去株。

（2）降树高

根据树形，在板栗树进入盛果期后，选择合适位置进行落头，降低高度，落头时应注意在落头位置选留一方向合适，健壮无病虫，粗度3 cm以上的主枝作为带头枝。

（3）防空膛

结合修剪，对内膛细弱枝，从基部疏除，这类枝即使进行极重回缩，也生长不出壮旺枝，很可能大部分干枯；对健壮徒长枝可以通过休眠季重短截或在夏季摘心，促生分枝，培养健壮结果母枝；对于在内膛中心部分抽生并形成的"树上树"的较大枝，要及时疏除。

（4）防止结果部位外移

当部分枝条顶端生长势开始减弱，结果能力变差时，应适时分年分批地回缩，使其降低到有分枝的下级次位置上，从而降低结果部位，防止结果部位外移。

（三）板栗的病虫害防治

1.主要病害及防治

（1）栗疫病

栗疫病又称胴枯病，也称腐烂病，是一种世界性病害，为国内检疫对象，苗木、结果树都可受到侵染，病后树势衰弱，生长不良，损害产量和质量，严重的致使全树枯死。在我国各板栗产区均有不同程度发生。

症状：主要发生在主干、主枝，也有少数在枝梢上引起枝枯。初发病时，在树皮上出现红褐色病斑，组织松软，稍隆起，有时自病斑流出黄褐色汁液，撕开树皮，可见内部组织呈红褐色水渍状腐烂，有酒糟味。发病中后期病部失水，干缩下陷，并在树皮底下产生黑色瘤状小粒点。雨季或潮湿时，涌出橙黄色的黄色卷须状的孢子角，最后病皮干缩开裂，并在病斑周围产生愈伤组织，幼树常在树干基部发病，造成枯死，下部产生愈伤组织，大树的主枝或基部也可发病。

发生规律：为兼性寄生菌，以菌丝层、子囊壳及分生孢子器在病组织中越冬，分生孢子及子囊孢子均可进行侵染，每年秋季，子囊孢子陆续成熟，借人为、昆虫、鸟类、风或雨等媒介向外传播，入侵新的寄主伤口。在第二年3月下旬至4月，气温达4℃~5℃时，病菌开始生长，寄主开始发病。由于此时气温低，病斑发展缓慢，当气温上升到20℃~30℃时，病斑扩展加快，病势加重；当气温下降到10℃以下时，病斑发展缓慢，最后停止，进入越冬期。

防治方法：

①增强树势

通过合理的土肥水管理增强树势，提高树体愈伤能力和抗病能力。

②加强树体保护

对嫁接口及伤口要及时给予保护，用含有杀菌剂的药泥涂伤口，对嫁接口还要外包塑料布保护，注意尽量减少伤口造成，减少浸染部位，冻害发生的地区可进行树干涂白保护。

③选择无毒苗木和抗病品种

病害可通过苗木进行远途传播，调运苗木时对苗木检疫，严格淘汰病苗。

④病斑治疗

及时处理病枝干，清除病死的枝条，用快刀将病变组织及带菌组织彻底刮除，刮除面大于病斑 1～2 cm，刮后立即涂药并妥善保护伤口，所涂药剂有 10 波美度石硫合剂，70% 甲基硫菌灵可湿性粉剂 100 倍液加农用有机硅 1000 倍液，敌腐等。

⑤化学防治

春季萌芽前喷施 5 波美度石硫合剂清园，在春季和秋季病菌发生与侵染高峰期，用 70% 甲基硫菌灵可湿性粉剂 800 液或 10% 苯醚甲环唑水分散颗粒剂 1500 倍液等药剂进行全园喷雾，重点喷树干。

（2）白粉病

白粉病主要危害板栗苗木及幼树的嫩梢和叶片，严重时造成叶片枯萎、早落，影响生长，甚至使嫩枝新梢死亡。

症状：染病初期，叶背出现近圆形或不规则形块状褪绿病斑，随着病斑逐步扩大，在病斑背面产生灰白色粉状霉层，即病原菌的菌丝体和分生孢子梗及分生孢子。秋季病斑颜色转淡，产生初为黄白色，后变为黄褐色，最后变为黑褐色的小颗粒状物，即病原菌的闭囊壳。嫩枝、嫩叶受害后表面布满灰白色粉状霉层，发生严重时，幼芽和嫩叶不能伸长而形成皱缩卷曲、凹凸不平，叶色缺绿，影响生长发育，甚至引起早期落叶。如防治及时，则新叶再生，果树恢复正常生长。

发生规律：病原菌是子囊菌，病菌以闭囊菌在落叶和病梢上越冬。第二年春散放子囊孢子，借风扩散传播，萌发后从气孔侵入叶片或侵入新梢和嫩芽；随后形成菌丝体和分生孢子，继续再侵染和扩大侵染；8—9 月形成闭囊壳，9 月下旬至 10 月成熟后，随病叶落地越冬。

防治方法：

①冬季清园。剪除有病叶的枝梢，以消灭或减少越冬病源。

②化学防治。萌芽前喷5波美度石硫合剂清园，4—6月侵染期交替喷10%苯醚甲环唑水分散颗粒剂1500倍液，或12.5%腈菌唑乳油1500～2000倍液，或430 g/L戊唑醇悬浮剂4000倍液，或25%吡唑醚菌酯悬浮剂3000倍液等。

③选用抗病品种。

④合理施肥。控施氮肥使用量，多施有机肥、菌肥、钾肥，以及硼、硅、铜、锰等微量元素。

（3）板栗皮疣枝枯病

板栗皮疣枝枯病别名疙瘩病，危及板栗的枝干皮层，以危害1～8年生嫁接栗树一年生枝为主，严重影响芽、叶萌发，甚至造成全株枯死。在我国各主要板栗产区均有发生。

症状：发病株当年通常不结果。于3月底至4月初发病，一年生枝干表皮出现许多疣状隆起小疙瘩，发芽明显受阻，受害轻者，后期可逐渐发芽、展叶；较重者4月下旬至5月上旬受害的新芽、嫩叶逐渐枯萎，导致枝干枯死。

发生规律：病原为栗生棒盘孢菌。病菌以分生孢子盘在病枝上越冬，第二年春开始产生分生孢子。环境适宜时，孢子萌发，借风雨飞溅传播，自伤口、皮孔侵入嫩枝。一般潜育期为1年，感病后至第二年3月下旬出现症状，4—5月为发病高峰期，8月以后病害逐渐停止发展。

防治方法：

①3月下旬至4月上旬在树干基部打孔注药，药液以多菌灵、甲基托布津饱和液为宜。或者在4月叶面喷雾70%甲基硫菌灵可湿性粉剂800倍液，或50%多菌灵悬浮剂600倍液，或430 g/L戊唑醇悬浮剂4000倍液，或25%吡唑醚菌酯悬浮剂3000倍液等，间隔10～15天，连喷2次，或用70%甲基硫菌灵可湿性粉剂、50%多菌灵悬浮剂400倍液浇根。

②及时清除枯死枝干、植株，并烧毁。

③严把接穗关，不在发病栗园内采穗。

④选用抗病品种。

2.主要虫害及其防治

（1）桃蛀螟

桃蛀螟又名桃蛀虫等，属鳞翅目，螟蛾科。主要以幼虫危害栗实，除危害板栗外，还危害桃、梨、苹果、杏及玉米、向日葵、大豆、高粱等多种作物和树种，为杂食性害虫。

形态特征：成虫深黄色，胸背、前翅及后有若干个黑斑。卵近椭圆形，初产下的卵白色，逐渐由黄变为鲜红色。老龄幼虫暗红色，蛹红褐色。

发生规律：桃蛀螟在我国北方一年2～3代，在南方4代，而且世代重叠。以老熟幼虫在堆果场、果实仓库，向日葵遗株的花盘、玉米茎、栗树皮缝、干栗苞等处越冬。越冬幼虫4月下旬开始化蛹，5月上旬开始羽化至7月中旬羽化完毕，成虫产卵于桃、李等果实上。第二代成虫6月下旬羽化，产卵于玉米、向日葵上。第三代成虫7月底羽化，产卵于玉米、向日葵。第四代成虫9月初羽化，产卵于板栗球苞和玉米上。栗苞、幼果被害后引起落果，栗果常被蛀空，以虫粪排出，失去食用价值。9月下旬至10月中下旬幼虫老熟，陆续越冬，当栗果接近成熟，球果即将开裂时为幼虫蛀果盛期。

防治方法：

①人工防治和农业防治

果实采收后及时脱粒，防止幼虫蛀入坚果；清扫栗园，将枯枝落叶收集后烧毁或深埋入土；入冬前清理栗苞堆放场所和空栗苞、向日葵、高粱、玉米等秸秆，消灭越冬幼虫。

②种植诱捕植物

每隔20 m左右种植一行向日葵，起诱捕作用，然后及时处理向日葵花盘。

③药剂防治

第三代幼虫孵化期（一般在8月上旬至9月中旬）可用2.5%高效氯氟氰菊酯水乳剂1500倍液、1%的甲维盐微乳剂1000倍液、14%氯虫高氯氟微囊悬浮剂3000～5000倍液等交替防治；栗苞堆放期，喷洒菊酯类药剂灭杀越冬幼虫，在喷药时翻动栗苞，使喷药均匀，可灭杀90%以上的越冬幼虫。

④性激素迷向

利用人工合成的桃蛀螟性激素迷惑雌成虫，使其失去交尾能力，从而减少雌成虫的有效卵，每亩每次投放量0.02 g，成虫迷向率85.4%，虫果率下降74.5%。

⑤黑光灯诱杀

因成虫有趋光性，可用黑光灯诱杀，黑光灯每50～500 m设置1个，黑光灯下放洗衣粉水盆，用糖醋液诱集时，糖、醋、酒、水的配比为2：4：1：16。

（2）板栗红蜘蛛

板栗红蜘蛛又名栗小爪螨。

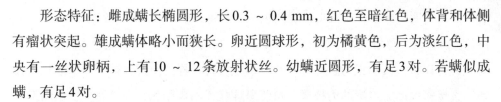

形态特征：雌成螨长椭圆形，长0.3 ~ 0.4 mm，红色至暗红色，体背和体侧有瘤状突起。雄成螨体略小而狭长。卵近圆球形，初为橘黄色，后为淡红色，中央有一丝状卵柄，上有10 ~ 12条放射状丝。幼螨近圆形，有足3对。若螨似成螨，有足4对。

为害症状：以幼螨、若螨和成螨刺吸叶片。栗叶受害后呈现苍白色小斑点，斑点尤其集中在叶脉两侧，严重时叶色苍黄，焦枯死亡，树势衰弱，栗果变小，不仅影响当年产量，更影响翌年产量降低。

发生规律：山东一年发生4 ~ 6代，一般9月上旬以卵在1 ~ 4年生枝条上越冬，以1年生枝条芽的周围和枝条粗皮、裂缝、分枝处为多。翌年4月下旬越冬卵开始孵化，幼螨爬上嫩叶取食为害，至成螨产卵繁殖。5月上中旬卵孵化占50% ~ 70%，幼螨在新梢基部小叶正面上，群集危害；6—7月达为害高峰。一般干旱气候常引起大发生，进入雨季后虫口密度下降。

防治方法：

①9月树干绑缚草把进行诱杀、冬季修剪、早春刮树皮，萌芽前喷3 ~ 5波美度石硫合剂，均可消灭越冬卵。

②利用天敌。栗园天敌种类较多，常见的有草蛉螨瓢虫、蓟马、小黑花蝽及各种捕食螨，应注意保护，有条件的地区可人工释放草蛉卵或于4月每株释放1袋捕食螨。

③药剂涂干。果树开始抽枝展叶时，越冬卵即开始孵化，此期可使用该法，效果较好。涂药方法是：在树干基部选择较平整部位，用刮刀把树皮刮去，环带宽15 ~ 20 cm。刮除老皮略显青皮即可，不能刮到木质部，否则易产生药害，刮好后即可涂药，涂上药后用塑料布包扎，为防止产生药害，药液浓度控制在5%以下。所用药剂有乙螨唑、阿维菌素、螺螨酯等。

④5月上旬喷药防治。5月上旬，越冬卵集中孵化盛期，可选用3000 ~ 5000倍30%乙螨唑腈悬浮剂，或6000倍22%阿维、螺螨酯悬浮液，或3000倍45%联肼乙螨唑悬浮剂6000倍液等杀螨剂交替喷洒2 ~ 3次。

（3）栗瘿蜂

栗瘿蜂又称栗瘤蜂，在我国分布很广，尤其是管理较差的园片，发生更为严重，发生严重的年份受害枝率达到100%，是影响板栗生产的主要害虫之一。

形态特征：栗瘿蜂成虫黑褐色，体长2.5 ~ 3.0 mm，具金属光泽，触角丝状，前后翅均透明。卵小，椭圆形，乳白色，一端有细柄。幼虫体长2.5 mm左右，乳白色，纺锤形，体胖无足。蛹2.5 ~ 3.0 mm，初为乳白色，近羽化时呈黑褐色。

为害症状：其幼虫为害芽和叶片，形成各种各样的虫瘿，被害芽不能长出枝条，直接膨大形成虫瘿的为枝瘿，虫瘿呈球状或不规则状，在虫瘿上长出畸形小叶，在叶片上形成的虫瘿为叶瘿，虫瘿呈绿色或紫红色，到秋季变成枯黄色，自然干枯的虫瘿在一两年内不会脱落。栗树受害严重时，虫瘿比比皆是，很少长出新梢，不能结实，树势衰弱，枝条枯死。

发生规律：栗瘿蜂在北方地区1年发生1代，以幼虫在栗芽内越冬，翌年4月中下旬开始活动取食，随着芽梢生长逐渐形成虫瘿，每瘿内1 ~ 5头幼虫。虫瘿开始是绿色，逐渐变红色至褐色的干枯瘿。5月中旬至6月中旬，幼虫在瘿内化蛹。成虫羽化后在虫瘿内停留10 ~ 12天，然后咬一个虫道从虫瘿中钻出，成虫出瘿期在6月下旬至8月上旬，飞行能力弱，白天活动，夜晚停息于栗叶背面。成虫寿命平均3天，孤雌生殖，出瘿后即可产卵，成虫产卵在栗芽上，喜欢在枝条的顶端饱满芽上产卵，一般从顶芽开始，向下可连续产卵5 ~ 6个芽。每个芽内产卵5 ~ 8粒，卵期15 ~ 16天。幼虫孵化后即在芽内危害，于10月上旬进入越冬状态。

防治方法：

①加强检疫。从外地购买苗木、接穗等要加强检疫。在引种前要详细考察，严禁从栗瘿蜂发生严重地区采集接穗、苗木。

②人工防治和农业防治。剪除病枝，剪除虫瘿周围的无效枝，尤其是树冠中部的无效枝，能消灭其中的幼虫。剪除虫瘿，在新虫瘿形成期及时剪除虫瘿。剪虫瘿的时间越早越好。

③生物防治。保护和利用寄生蜂是防治栗瘿蜂的最好办法，保护的方法是在寄生蜂发生期不喷任何化学农药，时间在4月中下旬至5月初。

④药剂涂干。在春季幼虫开始活动时，用噻虫嗪、氯虫苯甲酰胺等100 ~ 200倍药液涂树干，每树用药20 ml，涂药后包扎，利用药剂的内吸作用杀死栗瘿蜂幼虫。

⑤喷药防治。喷药防治有两个关键时期：一是春季板栗萌芽时，栗瘿蜂幼虫发育初期，喷50%氟啶虫胺腈水分散颗粒剂8000倍液、30%噻虫嗪悬浮剂1500

倍液等烟碱类药剂，或1%甲维盐微乳剂1000倍液等药剂杀死越冬代幼虫；二是成虫羽化后出蘡期，喷啶虫脒、噻虫嗪、甲维盐、螺虫乙酯等药剂进行防治，可有效防治成虫，减少产卵量，控制第二年虫蘡发生量。

（4）栗实象鼻虫

栗实象鼻虫又名栗实象，是危害板栗最严重的害虫之一。

形态特征：栗实象鼻虫长圆形，头管细长，前端部分向下弯曲；全体密被黑色绒毛。老熟幼虫头部褐色，体乳白色，常呈"C"字形弯曲。蛹体乳白色，头管平伸于胸腹部下方，复眼黑色。

为害症状：在栗苞上产卵先刺一孔洞，深达种子表层，把种子咬成一条不规则的凹槽。果面呈现深褐色圆孔（栗熟时呈红褐色）。初孵幼虫在壳内表层取食，虫道仅约1 mm，到3～4龄，虫道宽8 mm，呈半圆形，充满虫粪。被害果实易霉烂变质，失去发芽能力和食用价值，老熟幼虫脱果后留下圆形脱果孔。

发生规律：栗实象鼻虫一般1年发生1代，以幼虫在土内约10 cm深处做室越冬。第二年6—7月在土内化蛹，7—8月羽化出土后先取食花蜜，后食板栗种子。8—9月为产卵盛期，产卵期10～15天，产卵多在果肩和坐果部位。成虫白天在栗实等处取食交尾、产卵，夜间停在叶片重叠处。有假死性，趋光性不强。

防治方法：

①栽培抗虫高产优质品种

大型栗苞，苞刺密而长，质地坚硬，苞壳厚的品种抗虫性强。

②农业防治

实行集约化栽培，加强栽培管理，枯枝落叶集中烧掉或深埋，消灭幼虫，还可利用成虫的假死性，在8—9月成虫产卵盛期发生期振树，捕杀落地成虫。

③树上药剂防治

在大量雄花脱落时的成虫发生期，全园喷施5%高氯甲维盐微乳剂1000～1500倍液，可有效消灭成虫。

④树下药剂防治

栗苞迅速膨大期，在地面上喷洒48%毒死蜱乳油300～500倍液、50%辛硫磷乳油200～300倍等药剂，喷药后用铁耙将药土混匀，杀死出土成虫；在土质的堆栗场上，脱粒结束后用同样药剂处理土壤，杀死其中幼虫。

⑤温水浸种

将采收的栗果于50℃的温水中浸泡30分钟，或在90℃的热水中浸泡10～30秒，杀虫率可达90%以上。处理后的栗果，晾干表面后即可沙藏，不影响栗实发芽，在处理时应掌握水温和时间，避免烫伤。

四、采收及贮藏

（一）成熟标准与采收注意的问题

1.成熟标准

刺苞由绿色变为黄褐色并逐渐开裂，果皮由黄白色变为褐色，果实底座自然脱落，即为成熟，方可采收。

2.采收注意的问题

一定不要早采生采，以免影响果品质量和贮藏。要保护好果前梢，尽量保留栗叶完整不脱落，尽量减少栗枝的折损。

（二）贮藏

板栗采收（脱粒或拾栗）后要及时用湿沙堆藏进行预贮。预贮的目的是降低栗温，同时保持水分防止风干。此方法可贮藏至10月下旬。至11月上旬，对未售完的板栗可进行地沟沙藏或冷藏。

1.地沟沙藏

把处理好的栗果与沙混合放在沟床内，沟深0.8～1 m，宽1～1.5 m，长依贮藏量而定，果与沙的比例为1：2，也可一层沙一层果分层放在沟内，填到距沟口20 cm处，用沙覆盖，最后培成屋脊状。冬季冷时，上面用草帘覆盖，铺果入沟时，用秸秆绑成直径10 cm，高1.5～2.0 m的秸秆棒，直立沟底，每隔1.5 m放一个棒，以利通气。

2.恒温库冷藏

库温控制在0℃～2℃，相对湿度90%～95%，库内CO_2含量为3%；把栗果装入内衬浸湿水的双层麻袋，或内衬打孔塑料包装袋，然后将其码垛在木制托盘上；每盘码三层，垛位长方形，垛与垛之间应留有通道，以利通风和检查。

第六章　桃树高效栽培技术

第一节　桃树的生物学特性

一、桃树生长发育特性

桃树原产于我国西部高原地区，在系统发育过程中，长期生存在日照长、光照强的自然环境中，因而形成了典型的喜光特性。桃树一般定植后 2 ~ 3 年就可结果，4 ~ 5 年即可形成所要建立的树形并进入盛果期，20 ~ 25 年树势逐渐衰退，经济年龄一般在 20 年左右。桃树的寿命长短因品种、砧木和栽培条件而异：我国南方地区地下水位高，土壤瘠薄，桃树衰老得早，经济年龄一般在 15 年左右；同一品种用山桃作砧木比用毛桃作砧木寿命短；北方品种群的尖嘴桃比南方的水蜜桃寿命短；栽培在山地的桃树比栽培在平原的桃树寿命短；栽培管理好的桃树寿命长。

桃树是小乔木，自然生长时树冠常张开，有主干，但干性弱，树姿因品种不同而各异。北方品种群的品种，如肥城桃、天津水蜜桃、五月鲜等，树姿直立，主枝角度一般小于 40°。南方品种群的品种，如大久保、离核水蜜桃和玉露等，树冠较开张，甚至下垂，主枝角度一般大于 50°。

桃树树势的强弱与树干的高矮有关。树干过高，树势形成缓慢，树势易衰弱，所以桃树一般采用矮干为宜。大久保、早久保和丰白蜜等品种，枝条容易下垂，树干可稍高一些。庆丰和京红等品种，枝条直立性强，树干应矮些。在肥沃的平坦地段建设桃园，树干应稍高些；在土壤瘠薄的地段建设桃园，树干应稍矮些。

桃树树冠形成的快慢、结果的早晚及产量的高低与萌芽力和成枝力有关。一般桃树的萌芽力和发枝力都强，但品种间存在着较大的差异，如早生水蜜桃品种萌芽力弱，但发枝力强。品种相同，栽培条件不同，萌芽力和发枝力也有所改变，桃树在沙土地上时萌芽力比在沙壤土地上弱，在寒冷地区的桃树比在温暖地区的桃树萌芽力弱。凡是萌芽力和发枝力强的品种，树冠形成早，结果早，产量也高。

二、桃树根系生长发育特性

（一）桃树根系的种类

桃树根系由骨干根和须根组成，骨干根由主根和侧根构成。

1.骨干根

骨干根是桃树根系中粗大的根，其主根不明显，侧根发达（图6-1）。

图6-1　骨干根

2.须根

须根分为生长根、吸收根和输导根。

（1）生长根

生长根在根的先端，为白色幼嫩部分，生长速度快，由于生长根的生长根系才不断延伸。生长根的主要功能部位在根尖。根尖由末端向茎端依次排列着根冠、分生区、伸长区和根毛区，其中主要功能区是分生区和根毛区。

（2）吸收根

吸收根是在生长根生长过程中发生的白色细根，长度为几毫米，粗度不到

1 mm，寿命短，从发生起短则几天，长则1～2个月便枯死（图6-2）。

（3）输导根

生长根进一步分化后即变为输导根（图6-3）。

图6-2　吸收根

图6-3　输导根

（二）根系的生理功能

1.主根

主根的主要功能是将植株固定在土壤中，输导水分和养分，是贮藏养分的重要器官。

2.须根

须根是根系中最活跃的部分，是吸收水分和养分的主要器官，同时也是合成植物激素和有机物质的重要器官，如将所吸收的矿物营养合成、转化成有机物，将吸收的铵态氮可以与地上部运入根系的碳水化合物结合形成氨基酸，将吸收的磷转化成核蛋白，将二氧化碳与糖结合形成有机酸。还可以合成某些特殊物质，如细胞分裂素、生长素等。

（三）根系的分布

桃树根系是实生根系，主根上生发的侧根多且发达，进入盛果期以后主根已很不明显，侧根成为根系的主要骨干根，主要向水平方向发展。水平根主要集中分布在树冠以内。

桃树根系为浅根性树种，垂直分布受土壤条件影响大，如果是排水良好的沙壤土，根系主要分布在20～50 cm的土层中。在苏南土壤黏重、排水不良、地下水位高的桃园，根系则主要分布在5～15 cm的浅耕层内；在西北黄土高原，栽植于粉沙壤土上的桃树根系可超过1 m。根系分布的深浅也与砧木有关：毛桃砧木的根系发育好，根系深广；山桃砧木根系少，分布较深；寿星桃砧木和李砧木，细根多，直根短，分布浅。另外，营养失调、病虫害严重、栽植过密、气候多变等都能影响根系的分布。

（四）根系的年生长动态

桃树根系在年生长周期中不存在自然休眠，只要温度适宜就可不间断生长。在华北地区桃树根系有两个生长高峰：第一个生长高峰在5月下旬至7月上旬，第二个生长高峰在9月下旬。例如春季土温0℃以上根系就能顺利地吸收并能同化氮素，5℃以上新根开始生长；夏季7月中旬到8月上旬，土壤温度升至26℃～30℃，根系停止生长；秋季土壤温度降至19℃，出现第二个生长高峰，这次生长速度和生长量虽然远远不如第一个生长高峰，但是对树体积累储藏营养和增强越冬能力有着非常重要的意义；初冬土壤温度下降到11℃以下，根系开始停止生长，被迫进入冬季休眠状态。

三、桃树枝条生长发育特性

（一）枝条的类型

桃树的枝条分为营养枝和结果枝两大类。

1.营养枝

营养枝按生长势又分为发育枝、叶丛枝、徒长枝和纤细枝。

（1）发育枝

发育枝生长旺盛，枝条上的芽一般为叶芽，或少数花芽着生于枝条的顶端，这种花芽不充实，不容易结果，即使结果，果实也很小。发育枝在幼树和旺树上较多，一般长50 cm，粗1.5～2.5 cm（图6-4）。

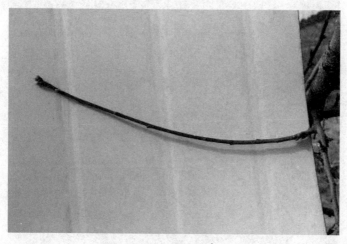

图6-4 发育枝

（2）叶丛枝

叶丛枝多由枝条基部的芽萌发而成。叶丛枝由于营养不足，萌发后不久便停止生长，一般枝长在1 cm以下，可延续多年，但仍为叶丛枝，而且萌发时常形成叶丛。落叶后枝上布满鳞片痕和叶柄痕，仅枝顶着生1～2个叶芽，因此也叫单芽枝。

叶丛枝多由三四年生枝条中下部的潜伏芽发育而成，六年以上的枝条很少发生，但十年以上的枝条有时也出现叶丛枝。如果这类枝条的母枝当年发育不良，或阳光不足，则落叶后叶丛枝容易枯死；如果母枝生长旺盛，叶丛枝能继续生长3～5年，在条件适合时，叶丛枝可以萌发成不同类型的枝条，也可利用叶丛枝重回缩更新新树冠或培养成枝组。

（3）徒长枝

这种枝条生长旺盛，直立粗壮，有二次枝或三次枝，长1～2 m，在二次枝上往往着生花芽。徒长枝多发生在树冠上部，由强旺的骨干枝背上芽或直立旺枝上的芽萌发而成。由于徒长枝生长旺盛，消耗的养分多，枝姿直立、高大，影响通风透光，果农必须对其加以改造和修剪。幼树上的徒长枝，可用来整形，加速树冠的形成。盛果期树很少发生徒长枝，如有发生应及时剪除或改造，果农可采取扭枝、曲枝和短截等手段，将其改造成结果枝组。衰老树上的徒长枝，应培养成新的树冠或枝组（图6-5）。

图6-5　徒长枝

（4）纤细枝

由潜伏芽萌发抽生的极短枝或细弱枝，顶芽为叶芽，翌年再萌发抽生的极短枝称为纤细枝，有的可成为果枝。在树冠内部秃裸或树势衰弱的情况下，果农可利用这类枝结果或更新（图6-6）。

图6-6 纤细枝

2.结果枝

桃树结果枝的类型按照长度和芽的排列，可分为长果枝、中果枝、短果枝、花束状果枝和徒长性果枝。

（1）长果枝

长果枝粗壮充实，一般长30～59 cm，粗0.5～1.0 cm，多生长在树势健壮的树冠上部和中部，其上有二次分枝，这类长果枝的基部常有单生的叶芽2～3个。长果枝的上部为花芽，花芽充实，是多数品种的主要结果枝，先端常有叶芽，生长强壮的枝叶芽数增多，花芽数减少；生长中庸的枝多为复花，除开花结果外，还能抽生新梢，有利于果实的生长发育，所抽生的新枝翌年又变成结果枝，形成新的长果枝，保持连续结果能力（图6-7）。

图6-7　长果枝

（2）中果枝

这种枝条长15～29 cm，粗0.3～0.5 cm，多着生在树冠的中部。中果枝的芽着生不规则，单芽和复芽间隔着生（图6-8）。

图6-8　中果枝

（3）短果枝

这种果枝长5～15 cm，粗0.3 cm左右，多发生在各级枝的基部或多年生枝上。短果枝除了顶芽为叶芽外，大部分为单花芽，复花芽很少，能开花结果。营养条件差时，坐果能力低，发枝弱的直立性品种如肥城桃、深州蜜桃等，以短果枝结果为主。因短果枝只有顶芽抽生新梢，又因母枝本身弱小，并结有果实，故无力抽生长枝，2～3年后容易自然枯死（图6-9）。

图6-9 短果枝

（4）花束状果枝

花束状果枝类似短果枝，长 3 ~ 5 cm，粗 0.3 cm 以下，除顶芽为叶芽外，密生单花芽，节间极短，呈现花束状（图6-10）。在弱树或衰老树上，容易抽生花束状果枝，这类果枝只有着生在 2 ~ 3 年生枝背上，容易坐果，其余多数结果不良，一般 2 ~ 3 年后即死亡。但有些品种如肥城桃，花束状果枝结果能力较强。

图6-10 花束状果枝

（5）徒长性果枝

枝条长 70 ～ 80 cm 或更长，其上有少数二次枝，有花芽且多为复芽。由于生长旺盛，其落果严重，且果小，品质劣，一般用作培养枝组或更新用。若用其结果，则需要缓放或拉平，以削弱其生长势，然后再让它结果。

3.新梢

新梢是经过冬季休眠的芽，春季萌芽长出的当年生带叶枝，新梢上可以萌发多级次副梢。桃树这种多级次的分级能力是其早成型、早结果、早丰产的生物学基础。新梢皮层内含有叶绿素，可进行光合作用，茎尖也是合成生长素、赤霉素的主要部分。

（二）枝条的功能与生长

1.枝条的功能

（1）多年生骨干枝的主要功能是支撑树体，输导、贮藏水分和养分。

（2）一年生枝的主要功能是构成树冠的骨架，用作骨干枝和培养大型枝组。

（3）新梢：所谓新梢，即为营养芽萌发而成未成熟、未木质化的嫩枝条，主要起调节树势、翌年果枝培养等作用。

2.枝条的生长

枝条的生长表现为伸长生长和加粗生长两方面。伸长生长是在桃叶萌芽展叶后，经过约1周的缓慢生长，随气温的上升进入迅速生长期，至秋季气温下降、日照缩短，新梢停止生长之后落叶休眠。枝的生长动态因枝条种类不同而不同，一般生长中等或偏弱的有1～2个生长高峰，生长旺盛的有2～3个生长高峰。

桃树枝条的加粗生长与伸长生长同步进行，在伸长生长后期，加粗生长加快。枝条生长的适宜温度为18℃～23℃。据研究，昼温25℃、夜温20℃左右，对枝条内养分和水分的吸收、运输与贮藏积累有利，因而伸长生长和加粗生长的生长量都较大。

四、桃树芽的生长发育特性

（一）芽的种类

桃芽分为叶芽和花芽。

1.叶芽

由新梢顶端或叶腋的芽原基分化而来，由鳞片、过渡叶、幼叶和生长锥组成。叶芽的形状在品种间差异很大，多数呈三角形。叶芽只抽生枝叶，新梢顶端的芽必是叶芽。不同类型的枝条芽的排列不同，粗1.5 cm以下的发育枝上，多是侧生叶芽，每一个节有一个叶芽，叫单芽；粗1.5 cm以上的强壮发育枝上多着生复叶芽，复叶芽有3个叶芽或2个叶芽为一节。

叶芽的萌发力很强，复叶芽一般在剪口下全部能萌发。有的强壮枝上叶芽在当年夏季萌发，形成副梢，第二年春，副梢枝两侧的叶芽萌发，长成新梢。叶芽在发育过程中还有不定芽、盲芽等形式。

（1）不定芽

芽的发生部位不固定，所以称作不定芽（图6-11）。常发生在剪锯口附近，或由于修剪过重而刺激其诱发。这种芽通常生长较旺，成为徒长枝。

图6-11　不定芽

（2）潜伏芽

一年生枝上的越冬芽，翌年夏天不萌发，仍处于休眠状态，这种芽称作潜伏芽，或称作休眠芽。潜伏芽在某种情况下可萌发。

（3）盲芽

有的枝条叶腋没有叶原基，有节无芽，称为盲芽。盲芽处不发枝。盲芽多发生在一个枝条的基部和生长不充实的二次枝或弱枝上。

2.花芽

（1）花芽的类型

花芽均侧生在枝上，有单花芽和复花芽之分。单花芽是在每个节上着生1个花芽，复花芽是在每个节上着生两个以上的花芽。长果枝上端多为复花芽。长果枝接近基部多为1个单花。中果枝上单花芽较多，而且单花芽和单叶芽间隔生长。短果枝上的复花芽多，是2个花芽或3个花芽为一节，中间为叶芽，只有顶端有一个叶芽，少数短果枝上的顶端也没有叶芽（图6-12、图6-13）。

图6-12　单花芽

图6-13　复花芽

（2）花芽的结构

桃树花芽内只有花器官，无枝叶，是典型的纯花芽。每一个芽一朵花，每个花芽由12～14个鳞片、2～3个过渡叶、5个萼片、5个花瓣、4轮雄蕊和1个雌蕊组成。

花芽的质量主要受树体上年贮藏的营养影响，花芽直径越大，茸毛越多，花芽的质量越好。花芽的质量影响到下年的坐果率和果实的大小。

（3）花芽分化

桃树花芽分化属于夏秋分化型，可分为以下四个阶段．

①生理分化期

生理分化期是芽的生长由营养生长转化为生殖生长的关键时期，此时桃新梢生长缓慢。

②形态分化型

分化顺序为分化始期、花萼分化期、花瓣分化期、雄蕊分化期和雌蕊分化期。自6月下旬到9月中下旬为止，大约需80 d。据研究，早\中熟品种在鲁南及其周边地区，通过夏季修剪及化学处理（见夏季修剪部分），形态分化可以推迟到7月中旬至8月上旬开始，9月中下旬结束，形态分化期缩短为60 d左右。

③休眠期

休眠期芽内物质的转化和代谢活动仍然继续进行，但花芽必须经历此低温时期，在生理上发生一系列的变化。

④性细胞形成期

花芽解除休眠，雄蕊分化形成花粉，雌蕊分化形成胚胎、胚囊和雌胚子。至此，花芽已经完成分化、形成的全过程，条件具备时就会开花。

（4）影响花芽分化的环境条件

①光照

桃树喜光，对日照长短比较敏感。短日照或遮光造成光照强度减弱，会延迟花芽分化和花芽发育。据研究，在花芽分化前1个月，日平均日照在7个小时左右，才能进行花芽分化，所以不见光的内枝花芽分化少、质量差，树冠外围的花芽分化质量好。

②温度

在土壤水分适宜的条件下，温度是制约花芽分化的重要条件，不同的品种之间差异较大，"大久保"发芽后大于10℃的积温达到900℃时即可开始花芽分化。

③水分

花芽分化前适当的干旱抑制营养生长，有助于物质积累，诱导脱落酸水平的提高，有利于花芽分化，可提早开花。

④大量元素肥料

花芽分化需要充足的营养积累，花芽分化前增施氮肥、磷肥，有利于花芽分化。

⑤微生物菌剂

微生物能够分泌一些氨基酸或酶类物质，具有萘乙酸和赤霉素的功效，能够促进桃树的根系发育和促进花芽的分化。据研究，盛果期桃树秋季（8月下旬至9月上旬）结合追肥增施农用微生物肥料（有机质大于70%，微生物大于5.0亿/g）3 ~ 4 kg/棵，有利于桃树花芽分化，开花期提前2 ~ 3 d。

⑥修剪

对桃树进行夏季修剪，有利于花芽分化。

⑦化学措施

花芽分化前，对桃树进行化学处理，如喷施植物生长调节剂，有利于桃芽分化。

五、桃树开花与结果特性

（一）花型与花的组成

1.花型

桃花从外部形态上可分为两种：一种是蔷薇形，花瓣较大，雌雄蕊包于花内或雌蕊稍露于花外，大部分桃品种属于此类；另一种为铃形，花瓣小，雌雄蕊不能完全被花瓣包围住，开花前部分雄蕊已经成熟，花药裂开而散出花粉，当花瓣完全展开后，花粉已经全部散出。

2.花的组成

桃花为完全花；雌雄同花同株，由萼片、花瓣、雌蕊、雄蕊、子房和胚珠等组成（图6-14）。

图6-14 桃花的形态结构

（二）开花习性与果实发育特性

1.开花习性

桃树开花的日平均温度在10℃以上，适宜温度为12℃～14℃。同一个品种的开花延续期在10～15 d，但在遇到干热风、大风等天气时，花期随之缩短到数天。不同品种的花期有差异，同一个品种不同的植株间当年开花期也有先后，同一株的花期也不相同。最早开的花朵往往在树冠中下部细弱的顶端，这类枝条坐果率最低，并非结果的主要部位。

大部分桃品种为自花结实，但也有少数品种因花粉败育而结实能力差，或没有自花结实能力。

2.果实发育特性

桃果实发育初期，子房壁细胞迅速分裂，果实迅速膨大。花后2～3周时，细胞分裂速度逐渐缓慢，果实增长也随之变缓。花后30 d，细胞分裂近乎停止，以后果实的增长，主要是果实细胞体积增长、细胞间隙扩大和维管束系统的发育。桃果实发育期一般分为以下三个时期。

第一期，从子房膨大到核硬化前，也就是从花后到本阶段结实大约经历30 d。这个阶段果实体积和重量迅速增加。

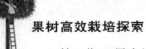

第二期，果实增长缓慢，果核逐渐硬化，又称硬核期。这一阶段时间的长短因品种不同而异，一般早熟品种2～3周，中熟品种4～5周，晚熟品种6～7周。

第三期，果实增长速度加快，果肉厚度明显增加，直至采收。

第二节　桃树病害

一、侵染性病害

（一）真菌性病害

1.桃褐斑穿孔病

（1）典型症状

主要危害叶片，也可危害新梢和果实（图6-15～图6-17）。叶片染病，初生圆形或近圆形病斑，边缘紫色，略带环纹，大小为1～4 mm；后期病斑上长出灰褐色霉状物，中部干枯脱落，形成穿孔，穿孔的边缘整齐，穿孔多时叶片脱落。新梢、果实染病，症状与叶片相似。

图6-15　桃褐斑穿孔病初期症状

图6-16　桃褐斑穿孔病后期症状

图6-17　桃褐斑穿孔病枝干症状

（2）发生规律

以菌丝体在病叶或枝梢病组织内越冬，翌年春气温回升，降雨后产生分生孢子，借风雨传播，侵染叶片、新梢和果实。以后病部产生的分生孢子进行再侵染。低温多雨利于病害的发生和流行。

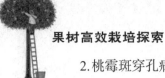

2.桃霉斑穿孔病

（1）典型症状

主要危害叶片和花果（图6-18）。叶片染病，病斑初为圆形，紫色或紫红色，逐渐扩大为近圆形或不规则形，后变为褐色。湿度大时，在叶背长出黑色霉状物即病菌籽实体，有的延至脱落后产生，病叶脱落后才在叶上残存穿孔。花、果实染病，病斑小而圆，紫色，凸起后变粗糙。花梗染病，未开花即干枯脱落。枝干染病，新梢发病时以芽为中心形成长椭圆形病斑，边缘紫褐色，并发生裂纹和流胶。较老的枝条上形成瘤状物，瘤为球状，占枝条四周面积的1/4 ～ 3/4。

图6-18　桃霉斑穿孔病症状

（2）发病规律

以菌丝或分生孢子在被害叶、枝梢或芽内越冬，翌年越冬病菌产生的分生孢子借风雨传播，先从幼叶上侵入，产出新的孢子后，再侵入枝梢或果实，4月中下旬即见枝梢发病。低温多雨利于发病。叶片在5—6月发病，随着降雨量增多，病害在树冠内扩大蔓延。病菌对枝条的侵染至少要连续24 h的潮湿才能侵染成功。在一年当中，雨水多的时候就是病害出现高峰期。土壤缺肥易发病。

3.桃疮痂病

（1）典型症状

主要危害果实，亦危害枝梢（图6-19、图6-20）。新梢被害后，呈现长圆形、浅褐色的病斑，后变为暗褐色，并进一步扩大，病部隆起，常发生流胶。枝梢发病，最初在表面产生边缘紫褐色、中央浅褐色的椭圆形病斑。后期病斑变为紫色或黑褐色，稍隆起，并于病斑处产生流胶现象。春天病斑变灰色，并于病斑表面密生黑色粒点，即病菌的分生孢子丛。病斑只限于枝梢表层，不深入内部。病斑下面形成木栓质细胞。因此，表面的角质层与底层细胞分离，但有时形成层细胞被害死亡，枝梢便呈枯死状态。果实发病初期，果面出现暗绿色圆形斑点，逐渐扩大，至果实近成熟期，病斑呈暗紫色或黑色，略凹陷，后呈略突起的黑色痣状斑点，病菌扩展局限于表层，不深入果肉；发病严重时，病斑密集，随着果实的膨大，果实龟裂。叶片受害，初期在叶背出现不规则红褐色斑，以后正面相对应的病斑亦为暗绿色，最后呈紫红色干枯穿孔；在中脉上则可形成长条状的暗褐色病斑；发病重时可引起落叶。

图6-19　桃疮痂病初期症状

图6-20　桃疮痂病后期症状

（2）发病规律

以菌丝体在枝梢病组织中越冬。翌年春季，气温上升，病菌产生分生孢子，通过风雨传播，进行初侵染。病菌侵入后潜育期长，然后再产生分生孢子梗及分生孢子，进行再侵染。在我国南方地区，5—6月发病最盛；北方桃园，果实一般在6月开始发病，7—8月发病率最高。春季和初夏及果实近成熟期多雨潮湿易发病。果园低湿、排水不良、枝条密挤、修剪粗糙等，均能加重病害的发生。

4.桃炭疽病

（1）典型症状

主要危害果实，也能侵害叶片和新梢。幼果果面呈暗褐色，发育停滞，萎缩硬化。果实将近成熟时染病，为圆形或椭圆形的红褐色病斑，显著凹陷，其上散生橘红色小粒点，并有明显的同心环状皱纹。新梢受害，初在表面产生暗绿色、水渍状长椭圆形的病斑，后渐变为褐色，边缘带红褐色，略凹陷，表面也长有橘红色的小粒点。叶片发病，产生近圆形或不整形淡褐色的病斑，病、健分界明显，后病斑中部呈灰褐色或灰白色。

（2）发病规律

以菌丝体在病梢组织内越冬，也可以在树上的僵果中越冬。第二年春季形成分生孢子，借风雨或昆虫传播，侵害幼果及新梢，引起初次侵染。以后于新生的病斑上产生孢子，引起再次侵染。我国长江流域由于春天雨水多，病菌在桃树萌芽至花期前就大量蔓延，使结果枝大批枯死；到幼果期病害进入高峰期，使幼果大量腐烂和脱落。在我国北方，7—8月是雨季，病害发生较多。桃树开花期及幼果期低温多雨，有利于发病。果实成熟期，则以温暖、多云、多雾、高湿的环境发病重。桃树生长过旺，种植过密，挂果超负，均发病重。

5.桃褐腐病

（1）典型症状

主要危害果实，也可危害花叶、枝梢。果实被害最初在果面产生褐色圆形病斑，果肉也随之变褐变软。继后在病斑表面生出灰褐色绒状霉丛，常成同心轮纹状排列，病果腐烂后易脱落，但不少失水后变成僵果。花部受害自雄蕊及花瓣尖端开始，先发生褐色水渍状斑点，后逐渐延至全花，随即变褐而枯萎。新梢上形成溃疡斑，长圆形，中央稍凹陷、灰褐色，边缘紫褐色，常发生流胶。

（2）发病规律

主要以菌丝体在树上及落地的僵果内或枝梢的溃疡斑部越冬，翌春产生大量分生孢子，借风雨、昆虫传播，通过病虫伤、机械伤或自然孔口侵入。花期低温、潮湿多雨，易引起花腐。果实成熟期温暖多雨雾易引起果腐。病虫伤、冰雹伤、机械伤、裂果等表面伤口多，会加重该病的发生。树势衰弱，管理不善，枝叶过密，地势低洼的果园常发病较重。

6.桃黑斑病

（1）典型症状

主要危害果实，分三个阶段。初期果尖形成乳头状突起，也可以形成圆球形或圆锥形。中期桃尖以后产生稀疏红点，形成红尖，而且红尖的下部往往有一黄色晕圈；红点密度逐渐增大，便形成红斑；有时乳突状由绿变黄绿，形成黄绿色的桃尖。末期桃尖组织坏死后，形成褐色病斑，并有不明显轮纹，其上很快产生黑色霉状物，后期病斑表面呈粉红色。在采收后其继续发展，最后仍形成黑斑。

（2）发病规律

病原在花芽鳞片上越冬，雌蕊及幼果果尖的黑斑病带菌率在开花后是逐渐增加的。花瓣萎蔫带菌率明显增长。病原侵入期是从开花期开始，花瓣萎蔫期至盛花后40 d形成侵染高峰。果实症状最早在7月中旬开始出现，大部分病果出现在7月下旬以后。一般在雨后4～15 d发病重。密植树发病轻，非密植树发病重。成龄树发病重，树体上部病果较多。

7.桃霉污病

（1）典型症状

枝干被害处初现污褐色圆形或不规则形霉点，后形成煤烟状黑色霉层，部分或布满枝条。叶片正面产生灰褐色污斑，后逐渐转为黑色霉层或黑色煤粉层，严重时叶片提早脱落。果实表面则布满黑色煤烟状物，严重降低果品价值。

（2）发病规律

病原以菌丝体和分生孢子在病叶上、土壤内及植物残体上越过休眠期。春天产生分生孢子，借风雨或蚜虫、介壳虫、粉虱等昆虫传播蔓延。湿度大、通风透光差及蚜虫等刺吸式口器昆虫多的桃园往往发病重。主要是介壳虫类的影响，以龟蜡蚧为主，因其繁殖量大，产生的排泄物多，且直接附着在果实表面，形成煤污状残留，用清水难以清洗。

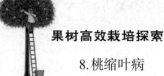

8.桃缩叶病

（1）典型症状

主要危害幼嫩组织，其中以嫩叶为主，嫩梢、花和幼果亦可受害。春季嫩叶刚从芽鳞抽出即可受害，表现为病叶变厚膨胀，卷曲变形，颜色发红；随叶片逐渐展开，卷曲加重，病叶肿大肥厚，皱缩扭曲，质地变脆，呈红褐色，上生一层灰白色粉状物。枝梢受害呈黄绿色，病部肥肿，节间缩短，多形成簇生状叶片；严重时病梢扭曲，生长停滞，最后整枝枯死。

（2）发病规律

以子囊孢子在桃芽鳞片和树皮上越夏，以厚壁的芽孢子在土中越冬，翌年春桃树萌芽时，芽孢子萌发，直接从表皮侵入或从气孔侵入正在伸展的嫩叶，进行初侵染，一般不发生再侵染。该病一般在4月上旬展叶后开始发生，5月为发病盛期。春季桃芽膨大和展叶期，由于叶片幼嫩易被感染，如遇10℃～16℃冷凉潮湿的阴雨天气，往往促使该病流行。

9.桃树腐烂病

（1）典型症状

主要危害主干和主枝，造成树皮腐烂，致使枝枯树死。自早春至晚秋都可发生，其中4—6月发病最盛。初期病部皮层稍肿起，略带紫红色并出现流胶，最后皮层变褐色枯死，有酒糟味，表面产生黑色突起小粒点，湿度大时，涌出橘红色孢子角。剥开病部树皮，黑色子座壳尤为明显。当病斑扩展包围主干一周时，病树就很快死亡。

（2）发生规律

以菌丝体、子囊壳及分生孢子器在树干病组织中越冬，翌年3～4月产生分生孢子，借风雨和昆虫传播，自伤口及皮孔侵入。病斑多发生在近地面的主干上，早春至晚秋都可以发生，春、秋两季最为适宜，尤以4—6月发病最盛，高温的7—8月受到抑制，11月后停止发展。施肥不当及秋雨多，桃树休眠期推迟，树体抗寒力降低，易引起发病。结果过多，负载过重，树体衰弱，提前落叶，发病重。

10.桃树木腐病

（1）典型症状

主要危害桃树的枝干和心材，致心材腐朽，呈轮纹状。染病树木质部变白疏松，质软且脆，腐朽易碎。病部长出灰色的病菌籽实体，多由锯口长出，少数从伤口或虫口长出，每株形成的病菌籽实体一至数十个。如枝干基部受害重，则树势衰弱，叶色变黄或过早落叶，产量降低或不结果（图6-21）。

（2）发病规律

病菌在受害枝干的病部产生籽实体或担孢子，条件适宜时，孢子成熟后，借风雨传播飞散，经锯口、伤口侵入。老树、病虫弱树及管理不善、伤口多的桃园常发病重。

图6-21　桃树木腐病症状

11. 桃树根腐病

（1）典型症状

叶片焦边枯萎，嫩叶死亡，新梢变褐枯死，根部表现木质坏死腐烂，严重时整株死亡。急性症状：13—14时高温以后，地上部叶片突然失水干枯，病部仍保持绿色，4～5 d青叶破碎，似青枯状，凋萎枯死。慢性症状：病情来势缓慢，初期叶片颜色变浅，逐渐变黄，最后显褐色干枯，有的呈水渍状下垂；一般出现在少量叶片上，或某一枝的上部叶片上；严重时，整株枝叶发病，过一段时间萎蔫枯死；发病重的植株，根部腐烂。

（2）发病规律

病菌为土壤习居菌，营腐生生活，当根系生长衰弱时，抗病能力下降，病菌乘机侵入引起发病，发病高峰期在春季4—5月和秋季8—9月。土壤条件差，排水不良、通气性差，有机质含量低，沙质土壤或黏度大的土壤，根系发育不良，

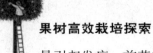

易引起发病。前茬栽过李树、杏树或其他苗木之类的土壤，病菌累积多，发病重。管理粗放，桃树生长势弱，抗病性差，发病重。

（二）细菌性病害

1.桃树细菌性穿孔病

（1）典型症状

主要危害叶片，也危害果实和枝。叶片受害，开始时产生半透明油浸状小斑点，后逐渐扩大，呈圆形或不规则圆形，紫褐色或褐色，周围有淡黄色晕环。天气潮湿时，有病斑的背面常溢出黄白色胶黏的菌脓，后期病斑干枯，在病、健部交界处发生一圈裂纹，很易脱落形成穿孔。枝梢上有两种病斑：一种称春季溃疡，另一种称夏季溃疡。春季溃疡病斑油浸状，微带褐色，稍隆起；春末病部表皮破裂成溃疡。夏季溃疡多发生在嫩梢上，开始时环绕皮孔形成油浸状、暗紫色斑点，中央稍下陷，并有油浸状的边缘。该病也危害果实。

（2）发病规律

病原细菌在春季溃疡病斑组织内越冬，次春气温升高后越冬的细菌开始活动，枝梢发病，形成春季溃疡。桃树开花前后，通过风雨和昆虫传播，从叶上的气孔和枝梢、果实上的皮孔侵入，进行初侵染。病害一般在5月上中旬开始发生，6月梅雨期蔓延最快，10—11月病菌多在被害枝梢上越冬。夏季高温干旱天气，病害发展受到抑制，至秋雨期又有一次扩展过程。温度适宜，雨水频繁或多雾、重雾季节，发病重。温度高、湿度大有利于该病的发生。果园郁闭、排水不良、土壤瘠薄板结、通风透光差、缺肥或偏施氮肥都会致树势弱，发病较重。管理粗放，树体衰弱，偏施氮肥，树体徒长均会加重该病的发生。

2.桃树根癌病

（1）典型症状

此病主要发生在根颈部，也发生于侧根和支根。根部被害后形成癌瘤，开始时很小，随植株生长不断增大。瘤的形状、大小、质地取决于寄主。一般木本寄主的瘤大而硬，木质化；草本寄主的瘤小而软，肉质。瘤的形状不一致，通常为球形或扁球形，也可互相愈合成不定形。患病时，叶片黄化，早落。成年果树受害后，果实小，树龄缩短。但在发病初期，地上部的症状不明显。

（2）发病规律

病菌在癌瘤组织的皮层内及土壤中越冬。通过雨水、灌溉水和昆虫进行传播。带菌苗不能远距离传播。病菌由伤口侵入，刺激寄主细胞过度分裂和生长形成癌瘤。潜育期2～3个月或1年以上。中性至碱性土壤有利发病，各种创伤有利于病害的发生，细菌通常是从树的裂口或伤口侵入，断根处是细菌集结的主要部位。一般切接、枝接比芽接发病重。土壤黏重、排水不良的苗圃或果园发病较重。

（三）病毒病

1.桃花叶病

（1）典型症状

桃树感病后生长缓慢，开花略晚，果实稍扁，微有苦味。早春发芽后不久，即出现黄叶，4—5月最多，但到7—8月病害减轻，或不表现黄叶。有的年份可能不表现症状，具有隐藏性，叶片黄化但不变形，只呈现鲜黄色病部或乳白色杂色，或发生褪绿斑点和扩散形花叶。少数严重的病株全树大部分叶片黄化、卷叶，大枝出现溃疡。高温时，这种病株易出现，尤其在保护地栽培中发病较重。

（2）发病规律

桃花叶病主要通过嫁接传播，无论是砧木还是接穗带毒，均可形成新的病株，通过苗木销售带到各地。在同一桃园，修剪、蚜虫、瘿螨都可以传毒，在病株周围20 m范围内，花叶相当普遍。

2.桃红叶病

（1）典型症状

春季萌芽期嫩叶红化，病叶背面红色，叶面粉红色、黄化或脉间失绿。随病情加重，红色更加鲜艳。发病重的叶片红斑从叶尖向下逐渐焦枯，形成不规则的穿孔。受害严重的嫩芽往往不能抽生新梢，形成春季芽枯。5月中旬至8月显症轻或不显症，到了秋梢期气温下降时，新梢顶部又可出现红化症或红斑。不能抽生新梢，致一年生枝局部或全部干枯，影响树冠扩展。树冠外围上部、生长旺盛的直立枝和延长枝发病较重。果实成熟迟，严重时果实出现果顶秃尖畸变、味淡。

（2）发病规律

可能是嫁接或虫传，病株在田间分布属中心式传播型，与生理病害特征不符，表现出传染性病害的分布特征。气温在20℃以下时，易发病。

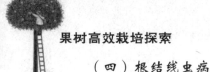

（四）根结线虫病

1.典型症状

根结线虫病以在寄主植物根部形成根瘤为特征。根瘤开始较小，白色至黄白色，以后继续扩大，呈结节状或鸡爪状，黄褐色，表面粗糙，易腐败。发病植株的根较健康植株的根短，侧根和须根少，发育差。染病较轻的地上部分一般症状不明显，较重的叶片黄瘦，树叶缺乏生机，似缺肥状，长势差或极差。

2.发病规律

以卵或2龄幼虫于寄主根部或土壤中越冬。次年2龄幼虫由寄主根端的伸长区侵入根内于生长锥内定居不动，并不断分泌刺激物，使细胞壁溶解，相邻细胞内含物合并，细胞核连续分裂，形成巨型细胞，形成典型根瘤。虫体也随着开始膨大，经第四次蜕皮后发育成为雌性成虫，并产卵继续繁衍。地势高而干燥，结构疏松，含盐量低而呈中性反应的沙质土壤易发病，土壤温度高发病重。连作地发病重，连作期限愈长危害愈严重。

（五）桃树流胶病

桃树流胶病在世界各核果栽培区均有分布，在我国各桃区也都有发生，是一种极为普遍的病害。植株流胶过多，会严重削弱树势，影响桃品产量和品质，重者引起枝干枯死。除桃树外，其他核果类果树（如大樱桃、杏、李等）、花椒、杧果，甚至西（甜）瓜和黄瓜等也有流胶病发生。

1.典型症状

主要发生在主干和主枝上，也可危害果实。发病初期，以皮孔为中心产生疣状小突起，后扩大成瘤状突起物，病部稍肿胀，患病处流出半透明乳白色树胶，尤以雨后严重。流出的胶干燥时变褐，表面凝固呈胶冻状，最后变硬呈琥珀状胶块。流出的树胶大的直径有3 cm，有的更大一些。在树皮没有损伤的情况下只见到球状膨大，如树皮有破伤，其内充满胶质。果实染病，初呈褐色腐烂状，后逐渐密生粒点状物，湿度大时粒点口溢出白色胶状物。

2.发病原因

桃树流胶病发生的原因是桃树枝干或果实表皮的组织细胞因细胞壁破裂后细胞液外溢而形成。造成细胞壁破裂的原因主要有以下几个方面：桃树缺钙（包括土壤缺钙、施肥缺钙、土壤酸化、涝害、干旱等）导致组织细胞不能形成细胞

壁，从而引起细胞液外流；桃树缺钙引起组织细胞壁薄，因机械损伤（如修剪等）、虫害等导致细胞壁破裂后组织不能愈合，引起细胞液外流；桃树缺钙引起组织细胞壁薄，受到严重冻害导致细胞壁破裂后细胞液外流。

二、缺素症

（一）缺氮与缺磷

1.缺氮

桃树严重缺氮时新梢停止生长，细弱而硬化，皮部呈浅红色或淡褐色。叶片首先是新梢下部老叶发病，初期叶片失绿变黄，叶柄、叶缘和叶脉有时变红，后期脉间叶肉产生红棕色斑点，斑点多。发病重时叶肉呈紫褐色坏死。叶肉红色斑点是缺氮的特征。严重缺氮时花芽较正常株少，花少。桃树坐果少，果实小、味淡，但果实早熟、上色好。离核桃的果肉风味淡，含纤维多。果面不够丰满，果肉向果心紧靠。

2.缺磷

桃树缺磷时，表现为植株生长比较迟缓，枝条细而直立，叶片薄而脆，果实成熟期推迟，果个小，着色不鲜艳，含糖量低，果实品质差。发生时间在7—8月，首先在新梢中部的叶片上表现出来，逐渐向上部发展。叶子变小、细长，叶色呈暗绿或灰绿色，无光泽。叶柄或叶背的叶脉呈红褐色或紫红色，严重时整个叶片呈紫红色。9月以后，叶片陆续出现枯死脱落，因营养积累不够而影响当年花芽质量。具体表现为，花芽瘦弱，第二年开花展叶时间延迟，坐果率低。

（二）缺钾与缺钙

1.缺钾

桃树缺钾时先从新梢中部的叶片逐步向基部和顶端发展，老叶受害最明显。初期叶缘枯焦，叶肉组织仍然生长，表现为主脉皱缩、叶片上卷，最终叶缘附近出现褐色坏死斑，叶片背面多变红色，只是叶片一般不易脱落。花芽减少。果实小、色差、味淡，果顶易腐烂。严重缺钾时，果实不膨大，生理落果严重（图6-22）。

图6-22　桃树严重缺钾时的果实症状

2.缺钙

桃树缺钙除了能引起流胶病的发生外，还对桃树的生长造成一定影响。具体如下：

（1）桃树缺钙初期症状是顶端生长减少，老叶的大小和正常叶相当，但幼叶较正常的小；叶色浓绿，无任何褪绿现象。继而，幼叶中央部位呈现大型褪绿，坏死部位侧短枝和新梢尤为明显；在主脉两边组织有大型特征性坏死斑点；老叶接着出现边缘褪绿和破损。最后，叶片从梢端脱落，发生梢端顶枯。

（2）桃树缺钙可削弱桃根的生长，主要表现在幼根的根尖生长停滞，而皮层仍继续加厚，在近根尖处生出许多新根。严重缺钙时，幼根逐渐死亡，在死根附近又长出许多新根，形成粗短多分枝的根群，即分蘖根。

（3）桃树缺钙时叶脉生长正常，但叶片生长受阻，叶片与叶脉连接处因生长速度不一致而引起皱褶（图6-23）。

（4）桃树缺钙引起桃树裂果，特别是对钙需求大的品种如迎霜红等（图6-24）。

图6-23　桃树缺钙对叶片的影响症状

图6-24　桃树缺钙引起裂果症状

（三）缺镁与缺铁

1.缺镁

桃树缺镁时叶绿素含量减少，叶片褪绿，光合作用受到影响，桃树不能正常生长。桃树的缺镁症先表现在新梢中下部叶片失绿变黄、后变黄白，逐渐扩大至全叶，进而形成坏死焦枯斑，但叶脉仍然保持绿色。缺镁严重时，大量叶片黄化脱落，仅留下先端的、淡绿色、呈莲座状的叶丛。果实不能正常成熟。

2.缺铁

桃树缺铁症又称黄叶病、褪绿病等，多从4月中旬开始出现。发病后，从新梢上开始表现，嫩叶变黄而叶脉仍绿。随着新梢的生长，病情渐重，全树新梢顶端嫩叶严重失绿，叶脉呈浅绿色，全叶变为黄白色，叶尖、叶缘出现茶褐色坏死斑，然后脱落。如不及时防治，其会严重影响桃的产量，甚至导致桃树慢慢枯死（图6-25）。

图6-25　桃树缺铁症状

（四）缺锌与缺锰

1.缺锌

桃树缺锌病梢发芽较晚，以夏季涝灾后或雨量大时发生较多，新发病枝节间变短。叶片发病主要表现在嫩梢上。在嫩梢上部形成许多细小、簇生的叶片，从枝梢最基部的叶片向上发展，叶片变窄，并发生不同程度的皱叶，叶脉与叶脉附近淡绿色，失绿部位呈黄绿色乃至淡黄色，叶片薄似透明、质地脆，部分叶缘向上卷。在这些褪绿部位有时出现红色或紫色污斑。缺锌严重的桃树近枝梢顶部节间呈莲座状叶，从下而上会出现落叶。在花上表现为花朵数量减少，不易坐果。在果实上表为现果实小，果形不整，在大枝顶端的果显得果形小而扁，成熟的桃果多破裂，果实品质差，产量低（图6-26）。

图6-26 桃树缺锌症状

2. 缺锰

桃树缺锰表现新梢生长矮化直至死亡。新梢上部叶片初期叶缘呈浅绿色，并逐渐扩展至脉间失绿，呈绿色网纹状；后期仅中脉保持绿色，叶片大部黄化，呈黄白色。缺锰较轻时，叶片一般不萎蔫。严重时，叶片叶脉间出现褐色坏死斑，甚至发生早期落叶。开花少，结果少，果实着色不好，品质差，重者有裂果现象。缺锌和缺锰同时发生不产生典型症状，缺铁和缺锰的情况也相同。在矫正缺锌或缺铁的过程中，也会出现典型的缺锰症状。缺少锰、锌和铁等复合元素或更多元素的情况不经常发生，在这种情况下单独症状不能作为有效诊断依据（图6-27）。

图6-27　桃树缺锰症状

（五）缺铜与缺硼

1.缺铜

桃树缺铜症又称顶枯病，主要症状是幼叶失绿萎蔫，新梢顶枯。发病初期，茎尖停长，细而短；幼叶叶尖和叶缘出现失绿，并产生不规则褐色坏死斑，这些症状逐渐向叶片内部发展，造成萎蔫。发病后期，幼叶大量脱落，顶芽和顶梢枯死，病情逐渐向新梢中下部蔓延，在当年或第二年经常从枯死部位以下发出许多新枝，呈丛状，但这些新枝也会因缺铜而产生枯顶，几年后，树体往往矮化、衰弱。病重时，树皮粗糙并木栓化，有时出现开裂流胶现象。

2.缺硼

桃树缺硼新梢顶枯，并从枯死部位下方长出许多侧枝，呈丛枝状。枝干流胶，冬季易死亡，树皮粗糙，萌芽不正常，随后常变褐枯死。幼叶发病，老叶不表现病症。初期顶芽停长，幼叶黄绿，叶尖、叶缘或叶基出现枯焦，后期病叶凸起、扭曲甚至坏死早落。新生小叶厚而脆，畸形，叶脉变红，叶片簇生。花期缺硼会引起授粉受精不良，从而引起大量落花，坐果率低。果实有两种类型：一种

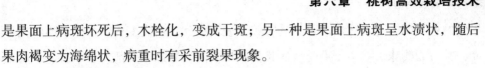

是果面上病斑坏死后，木栓化，变成干斑；另一种是果面上病斑呈水渍状，随后果肉褐变为海绵状，病重时有采前裂果现象。

三、伤害

桃树所受的伤害包括雹灾、药害、涝害、冻害和肥害等。

（一）雹灾、药害和涝害

1.雹灾

冰雹也叫"雹"，俗称雹子，夏季或春夏之交最为常见。它是一些小如绿豆、黄豆，大似栗子、鸡蛋的冰粒。雹灾对农业危害很大，是中国严重灾害之一。

2.药害

桃树的耐药性较差，对多种农药都有过敏反应，特别是使用铜素和有机磷制剂时，要严格按照安全剂量使用，不要任意加大浓度。使用硫酸铜时最好与硫酸锌混合使用，以防药害。波尔多液含有铜素，在桃树上也属禁用药剂，使用后容易造成桃树叶片严重穿孔和大量落叶。桃树对石硫合剂也较敏感，生产上多在发芽前使用，如在生长期使用易造成叶片穿孔脱落，果面粗糙萎缩。桃树对莠去津（阿特拉津）、乙草胺等除草剂也很敏感，桃园不宜使用，否则易引起桃树对矿物养分的过量吸收，导致叶片变黄，严重时造成落叶。

3.涝害

桃树是落叶果树中最不耐水的树种之一。桃树根系较浅，需氧量高，耐水性极弱，积水24 h就会明显影响桃树生长。如果桃园排水不良，土壤含氧不足，根呼吸受阻，轻者引起根系发育不良，根系减少，根系吸收功能降低，树势衰弱；重者根系易变黑腐烂，引起桃树死亡。

（二）冻害与肥害

1.冻害

冻害可分为枝干冻害、枝条冻害、芽冻害、花及幼果冻害。

（1）枝干冻害

枝干冻害是桃最常见、最普遍的一种伤害，发生时期一般在休眠期，3～5

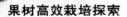

年生的盛果期树受害比较严重。受害枝干表现症状为树皮变褐，手压流出红褐汁液，并有酒糟味。在主干上受害症状类似杨树的破腹病，病部树皮纵裂、干腐或湿腐，最后脱落露出木质部，不易愈合，木质部开裂，造成树体衰弱，直接影响当年产量。冻害严重的干茎整周腐烂。

（2）枝条冻害

枝条冻害多发生在冬末春初，表现为枝条皱皮干缩，但皮层仍为绿色，大多数发生在幼树。轻者一年生枝条、多年生枝条前端抽干枯死，重者整个枝条死亡。一般枝条越小，抗寒力越差，越易受冻。小枝比大枝易受冻害，秋梢比春梢易受冻害。

无论枝条冻害还是枝干冻害，都能导致桃树木质部和韧皮部的细胞坏死，引起细胞液的外溢，发生流胶病（见流胶病部分）。

（3）芽冻害

芽冻害发生时期多在冬末早春，深冬和初冬较少。芽是营养生长和生殖生长的雏形，一般情况下，花芽比叶芽易受冻。受冻花芽髓部及鳞片基部变褐，严重时花芽干枯死亡。

（4）花及幼果冻害

花及幼果冻害多发生在春季。花朵受冻害后，花瓣早落，花柄变短。幼果受冻，表现为胚珠、幼胚部分变褐、发育不良或中途发育停止，引起落果。

2.肥害

（1）症状表现

桃树发生肥害时，地下部轻者引起毛根坏死，吸收能力下降；严重的引起主根变黑坏死。地上部轻者桃树枝条上的幼叶和花朵干缩萎蔫，影响展叶和开花，引起树势的衰弱；严重者皮层还有一条从受害主根基部沿树干向上连续变褐、干枯下陷的条带，其皮下韧皮层变黑，遇大枝后沿该枝向前延伸，危害结果枝（组），引起落叶或整枝死亡。

（2）主要原因

造成肥害的原因主要是施用的肥料与施用方法不当。具体表现为以下四方面。

①施肥量大

一次性施入大量化学肥料，使根系附近土壤溶液中肥料浓度过高，引起烧根。

②大量施入未充分腐熟的有机肥

未充分腐熟的有机肥在后期腐熟的过程中产生大量热量，致使桃树根系被烧。

③施肥部位不当

施肥沟（穴）距主根太近，甚至肥料与主根直接接触，引起烧根。

④使用了不合格的假冒伪劣肥料

伪劣肥料其中的重金属等有害物质超标或酸（或碱度）过高，会直接危害桃树根系，引起伤害。

第三节 设施桃树栽培技术

一、设施桃树生长发育特性

桃树在设施内的环境条件，与露地相比发生了很大变化，从而影响桃树的生长发育规律。了解桃树各器官在设施内的生长发育特点，进行科学管理，是发挥桃树设施栽培优势的基础。

（一）营养生长特性

1.桃树的根系

桃树露地栽培时，根系分布深广，萌芽前后气温与地温平稳上升，根系先活动，然后萌芽开花，有利于桃树的生长发育。设施栽培条件下，扣棚前期气温上升快，地温上升慢，造成根系活动滞后于地上部分。树体已萌芽而根系发生新根少，对营养物质的吸收合成少，不能满足地上部生长对养分的需求，使地下地上不能协调发展。

2.桃树的枝、芽

设施条件下肥水充足，在高温、高湿及弱光照的生长环境下，加剧了桃树地上部营养生长。其表现为：萌芽早、萌芽率高，新梢生长旺盛，生长量大，枝条徒长性增强；节间变长，生长期延长，总枝量增加，根冠比降低。以上特性易造成新梢与果实在营养上的激烈竞争，从而导致落花落果严重，果品质量下降。果农应注意控制新梢旺长，平衡枝梢和果实营养分配，确保优质高产。

促成栽培桃果采收后，撤除覆盖物进入露地生长期，枝梢常表现为旺长，引起单枝生长量大，树冠郁闭。新梢的过旺生长影响树体营养积累，常造成花芽分化数量少，质量差，不能满足产量要求。生产上的解决办法是：采收后立即撤除覆盖物，对树冠进行更新修剪，使之再发新梢。对新梢前促后控，增加营养积累，促进花芽分化，由新梢承担育花任务。

（二）生殖生长特性

1.开花、坐果

（1）花期持续时间长，有时达2周。

（2）单花从花朵开放至花瓣脱落，时间显著缩短，通常比露地减少20～50 h，也给正常授粉带来困难。

（3）由于设施内湿度大，空气流动少，单花花药开裂散粉时间长，柱头黏液保持时间较长，这是对授粉受精有利的一面。

（4）设施内由于高温高湿，物候期进程快，花粉、胚囊败育率高，桃树总体授粉受精不良，坐果率较低，畸形果率及落果率也比露地高。

2.果实生长发育

（1）果实发育期

一般比露地栽培延长10天左右。发育期长短与棚室内温度、光照关系密切。从开花至成熟，温度、光照适宜，可适当缩短果实发育期，提早成熟。如果温度、光照不适宜，则果实发育期延缓，成熟期推迟。从发育历程看，幼果迅速膨大期和采前果实速膨期延长，硬核期缩短。

（2）果实品质

设施内光照条件差，光合能力降低，光合产物减少。由于营养生长量大，新梢与果实之间的营养竞争加剧，导致果实综合品质低于露地栽培。果实含糖量降低，含酸量增加，风味偏淡，香气减少，耐贮性下降等。应改善棚内光照及其他环境因子，提高果品质量。

（三）设施桃树年生长发育期

1.露地生长期

新定植幼树是从春季定植至秋季落叶前，棚室内桃树是从采果后揭棚到秋季

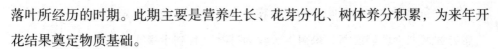

落叶所经历的时期。此期主要是营养生长、花芽分化、树体养分积累，为来年开花结果奠定物质基础。

2.露地休眠期及覆盖休眠期

从落叶至覆盖前为露地休眠期。从设施覆盖至芽萌动前，所经历的时期为覆盖休眠期。促成栽培是提前覆盖进行反保温，可以促进自然休眠解除，实现早成熟早上市的生产目标。延迟栽培自然休眠解除后，芽萌动前覆盖降温，延长被迫休眠，达到推迟采收期的栽培效果。

3.覆盖生长期

从覆盖后芽体萌动开始，至采果后去除覆盖物为止的一段时期为覆盖生长期。桃树在此阶段时间内，经历萌芽、开花、坐果、新梢生长、果实发育成熟，是一年中最重要的生长历程。

二、设施内环境特点及调控

桃设施栽培是在相对封闭的小气候条件下进行的，设施中的光照、温度、湿度、气体成分及土壤条件，都是可以人为调控的。为了更好地发挥桃设施栽培的效益，果农必须充分认识设施内的环境特点，通过人为控制，使之尽量符合桃树生长发育的需求。

（一）棚室光照特点及调控

1.光照特点

（1）光照强度

设施内的光照强度取决于设施外自然光照的强弱和设施的透光能力。由于棚室塑料薄膜和其他建筑材料对光照的遮挡和吸收，室内的光照强度均低于室外，是自然光照的60%～70%。

在棚室垂直方向上，越靠近棚膜光照越强，越向下光照越弱，每降1 m，光照强度减少10%～20%。

水平方向上，日光温室以中柱为界，前部为强光区，后部为弱光区。东西两端由于山墙的影响，早晨和下午会形成两个三角形弱光区。

（2）光质

在光谱中，可见光和紫外光有利于桃树的生长发育，棚室中光的成分主要受

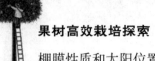

棚膜性质和太阳位置的影响。塑料薄膜日光温室较玻璃温室光质好,透过紫外光的能力远远大于玻璃温室,果树生长较为健壮,有利于果实着色。中午前后光质好于早晨和傍晚。

2.增光措施

桃树促成栽培在冬季和春季进行,这段时间在全年当中太阳光照时间最短,光强最弱,光线进入棚室内还要通过塑料薄膜,进一步降低了光强和光的质量。桃树生长发育常因光照不足,形成生理障碍,应采取一切增光措施,改善棚室内光照。

(1)选择合理棚室结构

在日光温室建造中,合理设计前屋面角,降低反射光;适当缩短后屋面,增大采光区;选用强度大横截面小的骨架材料,尽量减少支柱挡光。

(2)使用透光率高的塑料薄膜

目前选用聚氯乙烯无滴膜、聚乙烯长寿无滴膜、乙烯—醋酸乙烯多功能复合膜等,以上棚膜透光率高,防雾滴性能好,使用寿命长。覆盖后充分拉紧展平,用压膜线压牢,避免有皱褶挡光。

(3)减少棚膜遮光

棚膜透光率与使用时间长短、棚面清洁度、棚膜内面的水滴有关。

更换棚膜。棚膜使用一段时间后就会老化,聚乙烯膜使用1年后透光率下降40%,必须每年更换棚膜,才能提高棚室内光照强度。

清扫棚面。棚面上附着的枯草、树叶、尘埃等,严重阻碍阳光射入,定期清扫能增强光照效果。晴朗天气用喷枪喷水冲洗,会使棚膜更清洁。

减少棚膜水滴。棚膜水滴吸收和反射太阳光能力很强,严重时可使透光率下降50%左右。棚膜内面水滴的形成与棚室内的湿度过大有关,为减少棚膜内面水滴,应采取下列措施:选用无滴膜;土壤覆盖地膜,防止土壤水分蒸发;控制灌水次数和灌水量;改地表漫灌为地膜下滴灌;适时通风,降低棚室内湿度。

(4)利用反光膜增光

设施内桃树大量展叶后,树体生长发育旺盛,叶片光合能力强,对光照强度要求高。此时正值冬季,太阳高度较低,如在靠近后墙处挂反光幕,反光增光效果好,距反光幕3 m以内,一般可增加光照25%左右。

树冠下铺设反光膜,将照射到地面的光反射到中下部叶片和果实上,提高了下层叶片的光合能力,从而促进光合产物增加,果个增大,含糖量提高,着色面

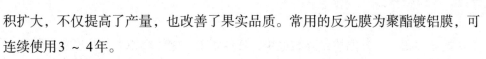

积扩大，不仅提高了产量，也改善了果实品质。常用的反光膜为聚酯镀铝膜，可连续使用3～4年。

（5）延长光照时间

在确保棚室温度适宜的情况下，上午尽早揭开保温覆盖材料，下午尽量晚点覆盖保温材料，最大限度延长光照时间。阴天棚室内温度允许时也要揭去覆盖物，使桃树充分利用散射光。雪后晴天立即除雪揭苫，增加光照，若连续几天未能揭苫，天晴后应逐步揭开，使桃树对光照有适应过程。

（6）改进栽培措施

采用南北成行，大行距小株距的栽培方式，有利于通风透光。树体结构上小下大，上稀下密，外稀里密，疏除无效枝、过密枝，改善树体内膛及下部光照。树体南低北高形成一个坡面，减少南面桃树对北面树体的挡光。

3.遮光管理

促成栽培为了更早采收，必须比露地栽培提前达到需冷量，这就需要反保温，即在秋季日平均气温7℃～8℃时，进行夜晚揭苫降温，白天覆盖遮光保温材料保持低温，促进桃树提前达到需冷量，即提前度过自然休眠期。延迟栽培是为了推迟物候期，应在早春桃树达到需冷量后解除休眠前，人为迫使树桃继续休眠，即夜晚敞棚降温，白天覆盖保温材料保持室内低温，延长被迫休眠期。遮光材料选择草苫、纸被、棉被等。

（二）棚室温度特点及调控

桃树在不同的生长发育时期，对温度有特定的要求，特别是扣棚升温至萌芽、开花坐果期，对温度要求更为严格。温度的高低和变化幅度大小，均会对各阶段的生长发育造成重要影响。因此，桃树设施中的温度管理，是决定栽培成败的最关键技术措施之一。

1.气温特点

棚室如果采光面设计合理，结构严密，"温室效应"非常明显，室内气温明显高于室外。其特点如下：

（1）受天气影响大

即使在最寒冷的冬季，只要天气晴朗，室内气温仍可高达20℃，室内外温差极大；若是阴雨天气，室内温度低，室内外温差小。

（2）受棚体影响大

棚体容积小，升温快，降温也快，日温差大；棚体容积大，升温慢，降温也慢，日温差小。果农在建温室时应考虑容积适宜，过大过小均不利于温度调节。保温措施好的温室，温度比较稳定；保温措施差的温室，气温波动幅度大，不利于桃树的生长发育。

（3）昼夜气温差较露地大

从12月至翌年4月，5个月的平均昼夜气温差，比露地高3℃～4℃。

（4）室内不同部位有差异

垂直方向在不通风情况下，气温随高度的增加而上升。水平方向距北墙3 m左右气温最高，由此向北向南递减。

2.地温特点

（1）显著高于外界

由于温室内的气温远高于外界，热量向土壤中传导，棚膜又阻碍了土壤向室外的热辐射，使棚内地温高于棚外地温。

（2）与气温变化不一致

扣棚升温初期，气温上升快，地温上升慢，平均地温远低于气温。在设施栽培中，有的果农往往只重视气温调控，而忽略地温，常造成根系发育滞后，坐果率降低。如何提高萌芽前的土壤温度，使地温与气温协调极为重要。

3.增温保温措施

（1）增加薄膜透光性

采用无滴膜减少棚内面水滴，及时清除棚面尘埃和其他遮光物，增加棚内光照，升高白天棚室内温度。

（2）提高覆盖材料保温性能

常用覆盖材料有草苫、纸被、棉被等。在同样厚度的情况下，保温效果最好的是棉被，但棉被价格高，下雨时易吸水压棚。草苫便宜，降雨时吸水少，一般日光温室多用草苫覆盖。若在高寒地区须提高温室保温性能，可加厚覆盖物或双层覆盖。

（3）薄膜多层覆盖

日光温室正常情况下覆盖一层塑料薄膜。为增加室内温度，在第一层薄膜下20～30 cm处再覆盖一层，形成双层覆盖，增加一层覆盖可增温2℃～3℃。

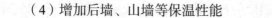

（4）增加后墙、山墙等保温性能

在北方高寒地区，建日光温室后墙和山墙时，用空心砖砌双层墙体，厚度1 m，内填珍珠岩或炉渣等。白天温度高时其能吸收、蓄存热量；夜间温度低时，不但能释放墙体贮存的热量，由于隔热性能好，还能降低棚内热量向外辐射，也能减少棚外冷空气侵入，具有很好的保温效果。后墙、山墙外堆秸秆、杂草或防寒土，温室南沿挖防寒沟，沟内填秸秆杂草等，均可显著增加棚室的保温性能。

（5）人工加温

北方高寒地区为保证桃树正常生长，多需要人工辅助加温。在黄河故道地区，若寒流侵袭及长期雨雪天气，在严重降温的情况下，为防止桃树受到低温伤害，也须人工加温，提高棚室内温度。加温措施可采用火炉加温、暖风机或电热线加温。火炉加温时，为使热量在室内均匀分布，在地表纵向铺设烟道，使热空气顺烟道向外散热。暖风机加温，出风口方向不要对着桃树，应对着后墙并隔时移动，使室内热空气均衡流动。电热线加温将线架在空中或埋设在地下。

（6）适时揭盖草苫

天气晴朗时，阳光洒满棚面后即可揭苫，日落前1 h盖苫，延长棚室内光照时间，有利于提高室内温度。在非常寒冷的天气，适当晚揭、早盖草苫，有利于保持室内温度。

（7）提高地温

在扣棚前地温较高时，对全园充分灌水，然后覆盖地膜，不但可提高地温，还有保墒和防草作用。若在扣棚后覆盖，则会产生气温、地温不协调。增施有机肥，土壤中埋入麦糠、稻壳等也能提高地温。

4.降温措施

在棚室内温度高于桃树生长发育所需的温度时，须采取降温措施，防止高温对桃树的伤害。开启通风窗通风是最简便有效的降温方法。通风窗开闭时间及通风口大小，应根据不同季节、天气状况和棚室内的温度情况灵活掌握，总原则是室温符合桃树不同物候期对温度的要求。

（三）棚室湿度特点及调控

1.湿度特点

（1）空气湿度

影响棚室内空气湿度的因素，主要来自土壤蒸发量和果树蒸腾量。在不通

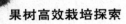

风的情况下，空气湿度的日变化与温度的日变化相反。白天室温高，饱和水气压大，相对湿度小，最小值出现在14—15时。夜间棚室内气温低，饱和水气压下降，相对湿度增加，一般在85% ～ 100%，最高值出现在夜间室温最低时。

（2）土壤湿度

棚室内空气相对湿度大，土壤水分蒸发量小，土壤湿度较稳定，与露地栽培相比可减少灌溉次数。土壤湿度的大小主要取决于灌水次数、灌水量、地面蒸发量和桃树蒸腾量的大小。

2.湿度调节

由于棚室封闭性好，空气又很少流动，水蒸气不断积累，形成设施内的高湿条件，不利于桃树的生长发育。其在花期常造成花粉黏滞，扩散困难，坐果率降低；若逢连阴雨天气，还会产生花腐，严重影响产量。其在新梢生长期影响桃树的蒸腾作用，使枝梢徒长，树冠郁闭。其在果实发育期会导致病菌浸染，降低产量和果实品质。设施栽培应重视棚室内湿度的调节。

（1）空气湿度

降低措施主要是通风排湿、地膜覆盖和改变灌水方法等。在保证室内温度的前提下，通风排湿是最主要而又简便有效的排湿方法。地面全部覆盖塑料薄膜，能减少土壤水分蒸发，降低棚内空气湿度。若土壤干旱时，采用地膜下滴灌或渗灌，也是降低空气湿度的有效方法。若空气相对湿度过小时，采取地面浇水或洒水等方法，增加室内湿度。

（2）土壤湿度

设施内的土壤湿度，取决于人工灌溉的次数及灌水量。当土壤含水量低于田间最大持水量的60%时，灌水补充，高于80%时则控水。

（四）棚室二氧化碳浓度及调控

1.二氧化碳变化特点

二氧化碳是桃树光合作用的主要原料，它在光合作用中的饱和点是0.1% ～ 0.16%，而它在大气中的含量约为0.03%，不能满足桃光合作用的需求。在设施封闭的条件下，光合作用消耗了大量二氧化碳，又得不到及时补充，常形成二氧化碳饥饿状态。

（1）不同物候期变化

扣棚保温后至新梢迅速生长前，棚室内外二氧化碳浓度差别不大。叶片转绿后，随白天光合作用的增强，棚室内二氧化碳浓度大大低于室外，这会严重影响光合产物的形成与积累。

（2）一天内不同时段变化

早晨日出前，室内二氧化碳浓度最高，相当于大气中的2～3倍，主要是夜间没有光合作用消耗，而土壤微生物对有机质的分解及桃树的呼吸作用，又释放出大量二氧化碳所致。揭苫后随光照增加，光合作用逐步增强，室内二氧化碳浓度急速下降，10—14时达到最低值，仅为室外的25%～50%。此时通风换气，室内二氧化碳会得到及时补充，但仍低于大气中的浓度。至16时光照强度虽然减弱，光合作用仍在进行，室内二氧化碳浓度还会有所下降。日落前盖苫后，光合作用停止，二氧化碳浓度开始回升，次日揭苫前达最大值。

2.二氧化碳调控方法

（1）通风换气

在棚内温度允许时，打开通风窗换气，可迅速增加棚室内二氧化碳浓度，此法是果农常用的最简便有效方法。

（2）施用二氧化碳肥料

将二氧化碳气体加压灌入钢瓶，制成液态二氧化碳。温室需要补充二氧化碳气体时，将钢瓶放在温室内，在减压阀口上安装直径1 cm的塑料管，每隔1～2 m留1个直径2 mm的释放孔，打开减压阀，使二氧化碳气体在室内均匀分布。一钢瓶净重35 kg的液态二氧化碳，可以在1亩棚室内释放25天左右。

为适应设施栽培的发展需要，方便果农对二氧化碳肥料的使用，一些工厂生产出固态二氧化碳肥料。该肥料通过造粒，具有良好的物理性状和化学稳定性，使用安全方便，肥效期长。每亩棚室内一次施用50 kg颗粒二氧化碳气肥，施后1周开始释放。高效期为40天，此期室内二氧化碳浓度可达0.1%。以后还会不断释放，有效期至90天。施用方法为行间条状沟施，沟深2～3 cm，撒入肥料后覆土。

3.二氧化碳施肥应注意的问题

（1）掌握适宜浓度

设施栽培中，人工补充棚室内的二氧化碳，可增强桃树光合作用。但是二氧化碳浓度过高，则会影响光合作用，甚至发生裂果、畸形果和桃树衰老等二氧化

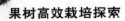

碳中毒现象。国外二氧化碳施肥采用的浓度为0.06% ~ 0.09%。我国采用的浓度在阴天时为0.05% ~ 0.1%，晴天时为0.1% ~ 0.15%。在补充二氧化碳时应掌握好浓度，防止浓度过高伤害桃树。

（2）施用时期

在充分展叶后至果实成熟前，棚室内二氧化碳缺失时，封闭棚室施用。通风换气时施用效果差。

（五）棚室内环境条件的测量

要准确调控棚室内环境，必须掌握室内温度、湿度、二氧化碳浓度的正确的测量方法。

1.空气相对湿度

用干湿球温度计测量，先查看干球和湿球温度，根据温度差查出空气的相对湿度。湿球水杯内的水最好用蒸馏水或雨水。

2.二氧化碳浓度

用便携式红外二氧化碳测定仪测量，结果比较准确，测定速度快，但价格较贵。

有条件的规模化的生产可使用小型气象站，节省人力且方便快捷精确。

三、设施桃树综合管理技术

（一）整形修剪与树体控制

设施栽培桃树密度大，光照差，枝条易徒长，必须采用适宜的树形和修剪方法。

1.树形

根据栽培空间、定植密度选择合理树形。常用树形多为纺锤形、双主枝Y形。此类树形适宜小冠、少主枝、无侧枝的树体结构，有利于解决树体光照。桃树在日光温室内的群体结构应南低北高，形成一个坡面，不但能减少对北面树体的挡光，还能充分利用空间提高单位面积产量。

2.整形

以上树形的整形过程可参照露地栽培。在设施栽培中，为早结果早丰产，在定植当年采用多主枝丛状形，增加枝叶量，辅以成花措施，翌年即可大量结果，以后再逐步改造成标准纺锤形或双主枝Y形。

3.休眠期修剪

幼树冬剪任务主要是培养树形，建造合理骨架和结果枝组的培养。使桃树尽快占领棚室内空间，具有良好的树体结构，为早丰产打下基础。

盛果期树冬剪的任务如下：

（1）控制干高和回缩枝展过长的枝组，维持合理的树冠体积。

（2）疏除过密枝、细弱枝，培养和更新结果枝组。

（3）控上促下，抑外助内，复壮内膛和下部枝组，防止上强和结果部位外移。

（4）在树干、主枝上每隔10～15 cm，留1个结果枝，其余枝条疏除。修剪后形成上稀中密、下部略稀、互不交叉重叠的树体结构。

4.生长期修剪

在设施栽培中，桃树枝条容易旺长和徒长，为改善树体光照，控制树冠体积，促进产量增加和花芽分化，必须重视生长季节修剪。

（1）采前修剪

萌芽后首先抹除剪锯口处和枝干上无用萌蘖。坐果后新梢长到15 cm时，对壮旺树喷15%的多效唑200～300倍液，调节生长和结果的关系，提高坐果率。新梢旺长期进行摘心、扭梢，控制旺长。之后疏除过密枝、徒长枝、细弱枝，解决树体光照。果实采前膨大期，通过拉枝、吊枝、疏枝、摘叶等，增加内膛光照，改善果实色泽，提高果实品质。

（2）采后更新修剪

在设施栽培条件下，桃树枝条生长量大，芽体养分积累少，花芽分化少且质量差，造成翌年产量降低，甚至没有经济产量。为控制树冠扩大，促进花芽分化，获得稳定的产量，必须对原结果枝进行更新，促发新枝并使之形成健壮饱满花芽，此次修剪也叫换枝修剪。

在果实采收后，逐步揭除棚膜，经1周的放风锻炼，树体适应自然环境后，及时更新修剪。主要是疏除过密枝、细弱枝和直立过旺枝；回缩和短截其他中庸健壮枝条，促其萌发新梢，以降低花芽分化节位，保持树冠紧凑。枝条短截一般保留6～8个芽重短截，利用萌发的二次枝或三次枝培养翌年的结果枝。在修剪时应注意两点。一是不能将全部枝条重短截，必须保留10%～15%中庸新梢，继续进行光合作用，制造养分供给根系生长，增加根系的吸收功能，保证萌发新梢所需的营养。若剪截过重，所剩枝叶量过少，会形成短期树体营养不足，使萌发新枝细弱，叶片薄而小，甚至引起黄化病，从而影响树势和花芽形成。二是更新修剪不能太迟，要保证所发新梢有充足的营养生长期，能萌发一定数量的副梢，使树体丰满，达到翌年丰产的枝条需求量。黄河流域的促成栽培，根据不同品种成熟期，一般在5月中下旬果实采收，待果实全部采收结束，让树体缓和半个月后，立即进行夏季换枝修剪。修剪时先剪整株的下部或一侧的1/2 ~ 1/3，待剪口处发出新梢后再剪余下的上部或另一侧的1/2 ~ 2/3，这样树体有个缓和期，比一次性修剪对树体的伤害轻。

（二）休眠解除及扣棚

1.桃树的休眠

桃树落叶后进入相对静止的休眠期，这是在长期生长发育过程中，为了抵制外界不良环境而形成的适应性，也是为了避免冬季低温伤害而采取的自我保护措施。桃树的休眠分自然休眠（又称真休眠）和被迫休眠。自然休眠必须在缓慢的低温积累下才能完成，若低温积累量不足，即使给予适宜的环境条件，也不能正常生长发育。自然休眠解除后，由于环境条件不适宜（主要是气温），芽体不能萌发，这称为被迫休眠。

2.自然休眠解除

桃树自然休眠的解除，必须满足一定的低温需求量，也称需冷量。在低温条件下，树体外部形态变化暂时停顿，但内部的呼吸、蒸腾，物质的分解、合成和利用都在继续进行。在缓慢的低温积累中，生长抑制物质不断消失，生长促进物质逐渐增多，各种所需酶不断活化的情况下，才能解除自然休眠。

桃树完成自然休眠的有效低温为0℃ ~ 7.2℃，该温度范围内1 h为1个冷温单位。符合此温度范围的累积低温小时数为桃树的需冷量，低于0℃和高于7.2℃的温度对低温需求量的累加基本无效。这是我国普遍使用的，计算需冷量的0℃ ~ 7.2℃低温模型。桃树的需冷量一般在600 ~ 1200 h，具体到每个品种的需冷量，要通过试验和生产实践获得。黄河故道地区促成栽培品种，在不进行反保温的情况下，一般自然休眠解除时间在12月底。为准确掌握满足需冷量时期，果农可在棚内挂温度自动记录仪，以实际记录的0℃ ~ 7.2℃时间累加值，确定自

然休眠期的解除时间。

露地栽培的桃树在自然休眠解除后，由于气温限制，仍不能萌芽生长而进入被迫休眠。但在促成栽培中，果农可以通过扣棚升温，解除被迫休眠，促进芽体萌发，达到早结果、早成熟的效果。

超早熟栽培，应比在自然条件下满足需冷量的时间提前。方法是进行反保温，降低棚室内温度。在秋季日平均气温7℃～8℃时，开始扣棚，棚膜外加盖草苫，只是揭、盖草苫的时间与升温时相反。夜间揭开草苫，打开棚室通风窗做低温处理，白天盖上草苫并关闭通风窗，以保持夜间低温。处理天数因品种和天气状况而异，当需冷量达到后即可扣棚升温处理，使之进入萌芽开花期。

在延迟栽培中，为推迟采收期，在萌芽前进行扣棚反保温，降低棚室内温度，延长被迫休眠时间，实现晚萌芽、晚开花、果实晚成熟的生产目标。

（三）扣棚至花期管理

1.提高棚室地温

在促成栽培中，设施内气温上升快，地温上升慢，严重影响根系的活动和其功能发挥。为使桃树正常生长发育，必须提高扣棚时的地温，在扣棚前30天左右，气温、地温较高时，对土壤灌水后覆无色地膜，可有效提高扣棚后地温。扣棚后地下埋设电热线；棚室外沿挖防寒沟，沟内填稻壳、麦糠、杂草等物，减少棚内土壤向外的热传导等，均能适当提高扣棚后地温。最简单有效的办法还是扣棚前实施地膜覆盖。扣棚初期就要促使5～10 cm厚的地温达到8℃，此后逐步升温，至开花前达到12℃，才能更有利于根系对养分的吸收和树体的生长发育。

2.缓慢升温

从扣棚开始升温至开花前，是性器官发育的关键时期。此期需要缓慢升温，达到一定的积温量，才能促进花芽性细胞的正常发育和成熟，提高花芽质量。如果升温过快，温度过高，即使短期高温，仍会导致花器官发育受阻，花粉和胚囊异常，坐果率降低。从扣棚至开花前，升温时间一般在40～45天。扣棚初始温度8℃～10℃，以后每周增加2℃，至花期白天气温不高于22℃，夜间温度不低于10℃。2012年安徽省淮北地区露地栽培桃树，由于花前及花期高温干旱，白天最高气温达到32℃，造成性细胞败育，授粉受精不良，坐果率降低，产量损失30%。促成栽培桃在花前及花期，也由于部分棚室管理不善，升温快气温高，造成花器发育不良而减产。

3.棚室管理

夜间覆盖草苫保温，白天适时揭苫升温。开始升温阶段白天只拉开少量草苫，适量透进阳光，以后逐步增加拉开量，达到缓慢升温效果，使之符合以上阶段升温要求。

（四）花果管理

1.提高花芽质量

露地栽培形成高质量花芽比较容易，而设施栽培与露地不同，优质花芽的形成较困难。在扣棚后的生长期，由于草苫和棚膜的遮挡，棚内光照时间短，强度弱，光质差，光合产物少，而果实与枝条争夺营养激烈，使枝条贮藏养分不足，芽体不充实，无法形成优质花芽。进入露地生长期，由于换枝修剪，枝条改变了固有的生长节奏，又影响花芽的正常分化。设施桃园常因花芽质量差，影响授粉受精，造成坐果率降低，有时形成减产。为了丰产稳产，提高设施栽培经济效益，果农必须采取综合措施调控，最大限度提高花芽质量。

（1）及时更新修剪

棚膜完全揭除后，约半个月后立即进行夏季换枝修剪。在新梢长到15 cm时，摘心再促发二次枝。7月花芽分化前，疏除徒长枝、过密枝，改善树体光照。采取摘心、扭梢、拉枝等措施缓和生长势，促进营养生长向生殖生长转化，提高花芽形成数量和质量。

（2）加强肥水管理

换枝修剪后追施有机复合肥，减少氮肥用量，增加磷、钾肥用量。每两周喷一次0.3%磷酸二氢钾混加0.2%光合微肥等。此期适当控水，土壤墒情好，一般不灌水，雨后中耕除草。

（3）适期扣棚

扣棚过早，桃树没有通过自然休眠，虽然形态分化已基本完成，却无法顺利进入性细胞分化阶段。只有充分满足需冷量再扣棚，花芽才能顺利进入下一步分化。

2.花期管理

（1）保持适宜温湿度

花期温湿度与提高坐果率密切相关，是温湿度调控的关键时期。

①温度

花期棚室内白天温度保持在12℃～22℃，夜晚8℃～12℃。温度适宜则开花整齐，花粉发芽率高，花粉管生长快，有利于授粉受精。温度过高，花粉粒和卵细胞发育异常，花期缩短，柱头黏性下降，坐果率差；温度过低，花粉粒发芽及花粉管伸展慢，也影响授粉受精。低于-1.5℃，花器易受低温伤害。促成栽培花期正值冬季低温，此时果农一定要做好棚室内保温和调温工作。

②湿度

棚内空气相对湿度保持在40%～60%，湿度过大，花粉黏滞，不利于授粉，严重时还会引起花期病害，形成花腐；湿度过小，则花器易干缩，花期短，同样影响授粉受精。设施栽培棚室内空气相对湿度超过70%时，须通风降低湿度。

（2）疏花

疏花从花蕾期开始，先疏花蕾后疏花。主要疏除过密花、弱小花、朝天花、无叶芽花，每节留1～2朵花，其余疏除。

（3）授粉

设施栽培条件下，棚室内湿度大，又无风力和昆虫传粉，常导致坐果率低，不能满足产量需求，必须利用一切措施，加强辅助授粉工作。一般采用放蜂传粉和人工授粉相结合的方法，能提高坐果率，达到目标产量。

①人工授粉

花药采集、花粉制作和授粉方法同露地栽培。因设施内花期长，一般10～15天，应将制作的花粉在干燥、低温、闭光的环境中保存，使之保持较长时间的生命活力。授粉从初花期开始，每间隔1天授粉1次，至花开放率达80%时结束。晚花质量差，所结果实小，在花量充足时可以放弃授粉。也可不制作花粉，每天10—15时，在棚室内湿度低时，用鸡毛掸子在授粉树花上滚动，蘸取花粉，再到被授粉树花上滚动，可互相授粉。此法简单易行，不但节省劳力，而且授粉效果好。

②蜜蜂授粉

可大大提高授粉效率，每亩棚室放蜂1～2箱，在开花前2～3天放入，使之适应棚内环境。

3.减少生理落果

设施栽培由于温湿度条件不如露地栽培，落果较为严重，常对产量造成影响。在减少生理落果方面，不同于露地栽培的措施如下：

（1）适期扣棚，保证自然休眠充分解除。扣棚后加强花前温度调控，缓慢升温并使室温、地温协调，确保花芽分化良好，提高花芽的授粉受精能力。

（2）花期认真做好人工授粉和蜜蜂授粉工作。严格调控温湿度，防止高湿形成花腐，高温引起的性细胞发育受阻及低温对花器官的伤害。

（3）在新梢长到15 cm时，喷15%多效唑200 ~ 300倍液。此措施在露地栽培中不需要，但在设施栽培中必须实施，因设施栽培枝梢生长量大，如不加控制其必将引起大量落果。

4.提高果实品质

设施栽培果实品质低于露地栽培，如酸度增加，风味偏淡，耐贮性下降等。提高设施栽培桃果实品质，已成为扩大消费市场，实现可持续发展的重要任务。

（1）维持适宜温湿度

坐果后逐步提高棚室内温度，维持果实在第一次速长期温度在10℃ ~ 25℃，硬核期在12℃ ~ 28℃，成熟前15℃ ~ 30℃。昼夜温差保持在10℃ ~ 15℃。温度过高则枝梢徒长，叶片呼吸强度大，营养物质消耗多积累少，果个小，固形物含量低。温度过高时通风降温，过低时采取增温措施。空气相对湿度控制在50% ~ 60%，温湿度适宜有利于果实品质提高。

（2）疏果

促成栽培一般是早熟品种，果个较小，只有认真疏果，合理负载，才能生产大果，提高果实内在质量和外观品质，增加栽培效益。坐果率高的品种和坐果多的树，在落花后10天即可疏果，一般品种出现大小果时疏果，本次留果量为目标定果量的1.3倍。

第二次生理落果后定果，早熟品种及盛果期树先疏，晚熟品种和初果期树后疏。壮枝、长果枝多留果，弱枝、短果枝少留果，上部及外围多留，下部少留，使所留果实在树冠内均匀分布。每亩产量控制在2000 ~ 2500 kg，不论产量高点低点，一定在确保生产大果、优质果的前提下，确定留果量。

（3）增进外观色泽

只有改善光照条件，才能促进着色和提高果实光洁度。具体措施如下：

①增加棚内光照

选择透光率高，抗老化的无滴棚膜。随时清除棚膜上尘埃、杂物和雾滴，改善透光能力。棚室后墙挂反光幕，地面铺反光膜，增加反射光。

②改善树体光照

新梢旺长期摘心、剪梢，过旺树喷多效唑，控制营养生长量，防止树冠郁闭。夏季疏除徒长枝、密挤枝、细弱枝，吊起叠压枝、拖地枝，使每个枝条和果实都能得到充分光照。

③摘叶转果

采收前着色期，摘除果实周围挡光叶片并转果，促使果实全面着色。

④实行套袋栽培

套袋可防止外界污染，使果面净洁，着色鲜艳，外观更漂亮。

（4）提高内在质量

施肥以有机肥为主，硬核期后追施饼肥、磷钾肥，叶面喷施磷酸二氢钾、光合微肥和增糖剂，可显著提高果实含糖量。采前控水，合理加大昼夜温差，适期采收，均能进一步提高果实固形物含量，使风味更加浓郁。

5.控制采前裂果和落果

设施栽培条件下，果实发育快，果皮薄且结构松散。至成熟期果皮发育已经停止，果肉细胞和细胞间隙仍在膨大，特别在灌水或大雨后膨胀迅速，常造成裂果和落果。防治办法是：少施氮肥，适量喷施钙肥和多元微肥，促进果皮发育良好；树下覆塑料薄膜，遇大雨时扣上棚膜，使雨水顺利排出园外，防止土壤和果实过度吸水，可减少裂果；果实套袋也是防止采前裂果的有效办法；搞好病虫防治，保持土壤适宜含水量，适期采收，可减少采前落果。

（五）土壤盐渍化成因与危害

1.土壤盐渍化成因

施肥不当，化肥投入超量，使土壤溶液浓度不断增大。一些化肥如硫酸铵、氯化钾、硝酸钾等肥料，易溶于水，但不易被土壤吸附，会使土壤溶液盐类浓度升高。在设施内相对封闭的环境，使自然降雨对盐分的淋洗作用降低，多年积聚后常引起土壤次生盐渍化。土壤盐渍化还与土壤类型、土壤有机质含量、灌水量大小及栽培年限有关，沙质土壤，有机质含量低的土壤，水分淋洗少及生产年限长的桃园易产生土壤盐渍化。

2.土壤盐渍化危害

土壤盐渍化使土壤板结，团粒结构差，降低土壤的孔隙度、吸附性和缓冲力，影响桃树对矿质元素的平稳吸收和利用；导致土壤溶液浓度升高，当高于根系细胞液浓度时，根系不但不能吸收水分养分，反而会出现水分倒流，形成"生理干旱"现象，致使枝梢萎蔫或树体死亡，造成一些矿质元素被固定，诱发桃树生理病害。许多桃园因此产生黄化病、小叶病、根朽病等生理病害，生产能力大幅度降低，更严重者则毁园刨树。土壤盐渍化是设施桃园经常发生而又难以治理的一种土壤生理障碍，必须在生产中严加防范。

（六）病虫害防治与采后管理

1.病虫害防治

桃树设施栽培由于棚室内高温高湿，有利于病害的发生。由于环境封闭，虫害发生较少。

（1）病害防治

①主要病害

细菌性穿孔病、褐腐病、炭疽病、疮痂病等。

②综合防治方法

结合冬季修剪，清除病虫枝、病僵果、清扫枯枝落叶，带出棚外集中处理。

萌芽前喷3～5波美度石硫合剂，杀灭越冬病菌。在花朵处于铃铛花时期喷1次代森锰锌类或其他保护性杀菌剂。

盛花期湿度高时，打开通风窗，降低湿度，防止褐腐病侵害花器形成花腐。生产实践中有时不注意花前喷药和花期通风，形成大量花器腐烂，造成极大损失。设施桃树花期若遇阴雨低温，棚室内空气湿度大时，必须通风或加温降低相对湿度，防止褐腐病的发生。

花后保护性杀菌剂和治疗性杀菌剂复配使用，每2周左右喷药1次。保护性杀菌剂可选代森锌、代森锰锌、丙森锌、克菌丹等，治疗性杀菌剂选多菌灵、多抗霉素、甲基硫菌灵、氟硅唑、硫酸链霉素、戊唑醇、己唑醇、菌毒清、菌核净等。当某一种病害较重时，可用治疗效果好的专用杀菌剂，如细菌性穿孔病选农用硫酸链霉素，疮痂病用氟硅唑，炭疽病用戊唑醇，褐腐病用菌核净、异菌脲等。设施栽培属高投入高产出栽培模式，果农务必及时喷药，正确选用药物，防止贪图省药及错误用药造成重大损失。

（2）虫害防治

①主要虫害

桃蚜、梨小食心虫、桑白蚧、山楂叶螨等。

②防治方法

扣棚前清扫枯枝落叶、杂草、病虫果，刮除老翘皮，桑白蚧严重的用硬毛刷刮除越冬雌成虫，将上述物体带出棚外集中处理。萌芽前枝干喷3～5波美度石硫合剂，对桑白蚧、山楂叶螨等均有很好的防治效果。花前结合防病喷甲氰菊酯或啶虫脒防治蚜虫。以后根据虫害发生情况进行针对性防治。

2. 采后管理

采收后逐渐扒开棚膜，经1周左右放风锻炼，使树体适应自然环境后全部揭除。棚膜去除后果农应进行夏季更新修剪，合理施肥灌水，促进树体健壮生长，形成优质花芽，为翌年丰产打下坚实基础。

第七章 柑橘高效栽培技术

第一节 柑橘生物学特性

一、生物学特性

（一）生长习性

1.根系及其生长

（1）柑橘的根系

柑橘以嫁接繁殖为主，并多用实生砧木。实生砧木的主根与侧根组成根系的骨架。侧根上分生出大量的须根，须根是根系吸收养分水分、合成活性物质的活跃部分。须根有生长根和吸收根，二者皆为白色。吸收根和生长根的先端长有根毛，根毛扩大了根系的吸收范围。每年生发吸收根数量多的柑橘树生长健壮，产量稳定，树体营养状况好。柑橘是具有内生菌根的果树。

（2）柑橘根系的生长和分布

柑橘的根系在一年中的生长同落叶果树不同，通常是先长枝后长根。根系生长是周期性的，一年内有 4 ~ 5 次生长高峰。在枝梢生长期内，根系生长量降低。在枝梢生长停顿期内根系生长量增加。在土壤温度和土壤含水量不受限制时，枝梢生长是控制根系生长强度的主要因素。土壤含水量明显降低时，根系生长受到抑制。

根据柑橘根系在土壤中分布的方向不同，将根系分为垂直根和水平根。垂直根分布的范围决定了根系分布的深度，水平根分布的范围决定了根系分布的宽度。柑橘根系的分布受许多因素的影响。粗柠檬砧具有强大的根系，在沙土中垂直根可深达 6 m，水平根横向可达 15 m，因而具有较强的抗旱能力。枳作砧木则

为浅根系，横向分布也较窄，但须根较发达。在沙土或未灌溉土壤，枳砧常比其他砧木先显现干旱症状。不同的繁殖方法也影响根系的结构和分布。实生砧木常有主根，入土较深；空中压条苗木或扦插繁殖的砧木无真正的主根，入土较浅。

（3）影响根系生长的主要因素

①土壤温度

例如兴津早生枳的一年生苗，在地温为15℃的条件下根系生长受到明显抑制，30℃处理的根生长最旺盛，吸收根和根毛多。在亚热带冬季最寒冷的土温条件下，柑橘根系对氮素的吸收、转运比夏季明显减弱，此时施肥，效果不佳。

②有机营养和矿质营养

根系在生长发育过程中所需的糖类，依赖于叶片制造的光合产物来供给。光合产物不足，根系生长首先受到抑制。小年树细根的淀粉含量为大年树细根含量的9.4倍，而大根的淀粉含量则高达17.4倍。这是由于大年树的糖类大多消耗于结得过量的果实，只有少量的糖类被运到根系。这种状况抑制了根系的生长，并导致次年树势衰弱。生产实践证明，根颈和树干病害，使皮部受害甚至大面积死亡；环割过重不能及时愈合时，会中断光合产物向根系的运输，造成根系饥饿，枯枝死树。

2.柑橘的芽、枝、叶及其生长

（1）柑橘的芽

柑橘的芽绝大多数是由三个单芽组成的复芽。复芽萌发时一个芽可能抽生数枝新梢，萌发的新梢受害后，又可从同一个芽再抽新梢。柑橘芽的顶端优势不强，树梢上部的几个芽常一齐萌发生长，长成生长势相当的枝条，形成柑橘丛生性的特点。柑橘芽具早熟性，当年形成的芽当年萌发，在亚热带地区，一年内可萌发3～4次。叶芽有很强的潜伏能力，这是柑橘树容易更新复壮的基础。

（2）柑橘的枝

根据新梢在生长结果中的作用，其可分为营养枝与生殖枝两类，只着生叶不着生花的新梢为营养枝。另根据新梢抽发的季节，其可分为春梢、夏梢、秋梢与冬梢。

①春梢

2月至4月，即立春到立夏前抽生的枝，发枝量大而抽发较整齐，枝梢较短，节间较密；叶片较小，叶先端较尖，色浓绿，叶脉不甚明显，翼叶小。春梢

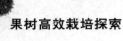

可能成为次年的结果母枝，又是当年抽生夏梢与秋梢的基础，是一年中最重要的枝梢。

②夏梢

5月至7月，即立夏至立秋前抽生的枝梢，幼树和生长势旺的树抽生多。夏梢抽生不整齐，6月到7月上中旬抽的梢是典型的夏梢。生长势旺，枝粗壮而长。叶色浓绿，肥大而厚，先端微尖，翼叶最大。幼年树可利用夏梢加速长树，老弱树可利用夏梢更新树冠，初结果树抽发夏梢过多过旺可能加剧生理落果，是被抹除的对象。

③秋梢

8月至10月，即立秋至霜降前后抽发的梢。生长势强于春梢，弱于夏梢；叶片大于春梢，小于夏梢，先端较钝，微凹。抽发时期不如春梢整齐。在四川盆地，7月下旬到8月上旬抽的梢，习惯上划入秋梢范围，可能成为橙类和宽皮柑橘的优良结果母枝；10月抽生的晚秋梢，生长期短，不能形成花芽，冬季还可能受冻。

④冬梢

立冬前后抽发的梢。在初冬气温较低地区，冬梢无利用价值。

由于柑橘一年多次抽梢，根据其在同一枝上连续抽发的次数，我们可将其分为一次梢、二次梢、三次梢等。从上一年的枝上抽发一次的，即为一次梢；从春梢上再抽夏梢或秋梢，即为春夏梢、春秋梢，都是二次梢。以此类推而有三次梢。

柑橘新梢生长到一定时期，顶芽自行枯落，称为"自剪"或"白枯"。下一次生长由"自剪"顶芽下的芽萌发生长。这种分枝生长的反复进行，使枝梢曲线延伸。一枝较强的枝梢先端抽生新梢后，因负重而梢角变大；下一个生长季，从其弯曲的背上抽生旺梢（通常是夏梢）成为骑生枝，骑生枝成为这个枝的"头"向前分枝，曲线延伸；接着在新的"头"上又抽生新的骑生枝，形成一个枝序的演化模式。就整个枝序而言，骑生枝的作用是生长，被骑的枝长势变弱，逐渐转入结果与衰老。自然生长的植物，往往会出现树冠郁闭、枝条密生、内膛枝细弱老化、冠内相对湿度大大增加等现象，整形修剪时应注意及时调整。

同一年有几次新梢生长，枝梢的加长生长停止之后，加粗生长活跃，形成层分裂活动旺盛，皮与木质部易于分离。此时芽接容易剥皮与愈合。

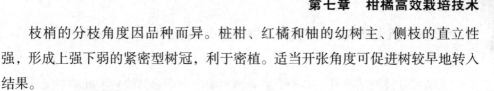

枝梢的分枝角度因品种而异。桩柑、红橘和柚的幼树主、侧枝的直立性强，形成上强下弱的紧密型树冠，利于密植。适当开张角度可促进树较早地转入结果。

（3）叶的形态与生长

柑橘的叶仅有枳一个种为三出复叶，其余皆为单生复叶。叶身与翼叶之间有节，保留着复叶的痕迹。多数柑橘叶柄具有翼叶。柚类的叶片最大，金柑最小，甜橙与宽皮柑橘居中。同一品种又以夏梢叶片最大，春梢叶最小。

叶是贮藏养料的重要器官，贮藏的氮素占全树总氮量的40%以上。叶片的颜色和矿质成分的含量反映树体的营养与健康状况。现代果树生产应用叶分析诊断树体营养，指导施肥。树体患脚腐病，或环剥过重久不愈合时，叶片明显黄化，且叶脉比叶肉更黄，称为"黄脉"。缺铁失绿的若是叶肉失绿，叶脉仍为绿色，为网纹状失绿。这些都是形态诊断的依据。

柑橘类除枳为落叶性、枳橙为半落叶性之外，其余均为常绿性。实际上树上的叶片不像落叶果树那样在休眠之前集中脱落，而是一年中陆续发生新叶，陆续脱落老叶，从而显示出常绿的特性。柑橘叶片的寿命为12～24个月或更长。一二年生叶片是叶幕中主要的叶龄构成。叶片寿命的长短与树体的营养状况和栽培条件密切相关。低温、营养或水分不足，根腐病或叶螨为害等伤害叶片的诸多因素均可导致叶片的异常脱落。严重的异常落叶会导致树势衰弱、畸形花增多和花果脱落。通常认为丰产园叶面积指数以4～6为宜。

（二）开花和结果习性

1.结果枝的类型及其特性

当树体具备了成花条件时，营养枝上的某些叶芽分化为花芽。柑橘的花芽为混合芽，花芽萌发，抽出新梢，在新梢上开花结果。开花结果的梢为结果枝，着生花芽或结果枝的枝是结果母枝。

（1）结果母枝

柑橘各种营养枝只要条件适合都可能分化花芽，转化为结果母枝。生产实践上因地区、品种、枝龄及生长势不同，结果母枝的枝梢类型及其比例构成可能有很大差别。如在重庆的甜橙产区，初结果树的结果母枝，以春秋梢和春梢占优势，其中春秋梢母枝又多于春梢母枝；随着树龄的增长，树势由旺而缓，春秋梢母枝逐渐减

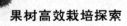
少，春梢母枝逐渐增多，到了盛果期的树逐渐地演变为以春梢母枝为主。

（2）结果枝

从结果母枝顶端及其下若干个腋芽抽生而成。根据结果枝上叶的有无、花的数目和着生状况，结果枝又分为无叶顶花枝、有叶顶花枝、腋生花枝、无叶花序枝、有叶花序枝等。结果枝的类型、比例及其坐果率的高低，因品种、枝龄及树势而变化。柠檬、柚类的无叶花序枝结果多；甜橙类以有叶顶花枝结果可靠，坐果率高。在同一植株上结果枝的类型与其着生的结果母枝的类型有关。强壮的结果母枝上，常抽生带叶的结果枝；较弱的母枝上，多抽发无叶或少叶的结果枝。了解各种结果枝的生产价值及其与结果母枝的关系，对生产者因地制宜地培养优良的结果母枝类型有重要指导作用。

2.开花坐果

（1）开花和授粉

甜橙的花是完全花，由4～5枚萼片组成花萼，4～5枚花瓣组成花冠。雄蕊有20～40枚带花药的白色花丝，花丝基部联合并着生在花盘上。脐橙的脐是由次生雌蕊群发育而来的次生果；其余的甜橙品种没有次生果，所以就没有脐。在生产果园里，除正常花外，还有许多因气候或营养不良而产生的不同类型的畸形花。畸形花大部分在花蕾期或开花初期脱落。

在亚热带地区，甜橙、温州蜜柑都是集中在春季开花，这次开花代表着当年的经济产量。同一地区的不同年份，气候变化明显影响到花期的早晚和长短。

柑橘多数品种自交亲和，果园栽培单一品种不会妨碍丰产。但是，沙田柚在自花授粉条件下坐果率低，如用其他的柚品种进行人工辅助授粉则可明显提高其坐果率，增加单果重，果实的种子数也明显增多。柑橘大多数品种必须经过授粉、受精才能结果，这类果实通常有种子。而脐橙、温州蜜柑及一些无核柚，不经受精也能正常结果，所得的果实无核，这种特性称为单性结实。单性结实是柑橘很重要的经济性状。

（2）落花、落果

柑橘是多花树种。采收时获得的果实只占总花数的极小比率。锦橙的花和幼果脱落有三个高峰，包括盛花期的一次落花峰和两次幼果脱落峰。其中第一次落果峰是带果梗脱落，落果量大；第二次落果峰是不带果梗脱落，而在子房与花盘的连接处脱落，这次落果又称为"六月落果"，实际上许多年份发生在5月。

3.果实的生长和成熟

（1）果实的生长

柑橘果实是由子房发育而成的柑果，外果皮即色素层，布满油胞，油胞中含有多种芳香油；中果皮称为白皮层或海绵层。果实的食用部分由砂囊（亦称汁胞）和果心组成，其中汁胞为主要的食用部位。柑橘的种子有单胚和多胚两类。单胚是有性胚，多胚则含一个有性胚和多个无性胚。柚种子多为单胚，甜橙等的种子为多胚。

柑橘果实生长分为三个时期。一是细胞分裂期。这是盛花期到果实各个组织形成的时期。在此期内果实各组织的细胞数增加，果皮分成细胞层和白皮层，果肉内开始形成汁胞。二是细胞增大期或加速生长期。这是果实体积和鲜重都达到最大的时期。在此期内，汁胞中果汁含量增加，果肉也膨大。这一时期对决定果实成熟时的大小是极其重要的。三是成熟期。这时期的特征是果实继续膨大，但速度减慢，果实的色泽、成分和风味发生明显的变化。果实的品质在这时充分发育。

（2）果实的成熟

果实在成熟的过程中发生下列变化。首先是果皮色泽的变化。幼果的果皮为绿色，含有叶绿素，能进行光合作用。果实进入成熟期，气温降低，果实含糖量增加，叶绿素的分解逐渐加快，绿色逐渐消失，而代之以类胡萝卜素，呈现橙色或黄色。其次是果实含酸量的变化。柠檬酸是柑橘果实特有的有机酸。甜橙果实中酸的积累在幼果中最快，但在果实成熟期含量逐渐减少。成熟的甜橙果实的含酸量通常在0.1% ~ 0.5%或更高。气温较高的地区，果实的酸味较淡；气温较低的地区，果实的酸味较浓。最后是可溶性固形物含量的变化。可溶性固形物是溶解于果汁中的物质总称。其中主要是可溶性糖，其占可溶性固形物的3/4以上。有机酸（主要是柠檬酸）含量占可溶性固形物的10%。柑橘果实在发育成熟过程中，可溶性固形物含量和固酸比（可溶性固形物与有机酸含量之比）逐渐增高，果实的风味逐渐变好，直到表现出该品种的固有风味。

可溶性固形物含量和固酸比的高低，受许多因素的影响。温度较高地区生产的果实，可溶性固形物含量和固酸比较高，风味好。

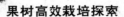

可溶性固形物含量和固酸比对果实的风味与质量有直接的影响。从消费市场对果实品质的要求出发，一些柑橘生产国对果实的外观和内部品质都做出规定，并将其作为成熟、采收和销售的标准。

（三）对环境条件的要求

1.温度

温度是决定柑橘分布、产量和品质的主要气候因素。柑橘原产于我国和东南亚的亚热带地区，喜温暖湿润的气候。

全世界柑橘栽培地区的年平均温度大多在15℃以上。在15℃～22℃范围内，年均温度高，果实的产量高、品质好。不同的品种要求的温度条件略有不同。华盛顿脐橙以年均温17℃左右表现较好；锦橙则要求年均温在17.5℃以上；伏令夏橙在年均温18℃以上均能栽培，但要求冬季温暖，1月平均温度不低于10℃，绝对低温不低于–2℃；温州蜜柑适应范围较宽，年平均温度15℃，冷月平均温度5℃，极端最低温度–5℃的地区也能栽培，但是仍以年均温度16℃～17℃的地区为好。

一般认为柑橘开始生长的起点温度，即生物学零度为12.8℃。生长季内的不同温度，对柑橘的生长、结果有不同的影响。23℃～31℃为生长最适温度，37℃～38℃停止生长。生长期内，温度对各个物候进程有明显的影响。谢花后到生理落果期的异常高温，导致幼果的异常脱落；果实发育及成熟期内较高的温度有利于增糖减酸，改善果实的风味。热带地区栽培伏令夏橙与亚热带地区相比，成熟期缩短，含酸量降低，果皮着色明显变淡。

柑橘是畏寒喜温的果树，其抗冻力在种间的差异很大。枳的抗冻力最强，可耐–25℃左右；宜昌橙可耐–15℃左右；金柑可耐–12℃左右；甜橙、柚类和橘类抗冻力中等，能耐–6℃左右；柠檬和枸橼类抗冻力最差，只能耐-3℃左右。因此，冬季的绝对低温决定了柑橘栽培的品种。

过高的温度也会给柑橘带来伤害。当气温达到48℃、向阳的叶温达到67℃时，叶片出现伤害症状，叶绿素分解，光合效率降低，叶色变黄褐，有时出现坏死斑点。气温达到44℃或更高，伏令夏橙的外皮温度达49℃或更高时，果皮变黄或暗褐。此时，中心果肉的温度可能高于35℃，甚至造成种子死亡，如用喷灌降低果园温度，降低叶温和果实温度，缓解高温危害，对柑橘优质丰产有重要意义。

2. 日照

柑橘对日照的适应范围广。我国的柑橘产区年日照时数为1000 ~ 2700 h，生长结果均良好。相比之下，以日照时间长更好。华南产区，春季日照好，柑橘生长发育迅速，结果多；晚秋和冬季日照好，较秋季多阴雨、秋冬季多雾的四川盆地产区的果实含酸较低，含糖较高，风味更甜。

在夏、秋季多云天气的田间光合效率很高，有时甚至高于晴天。不同品种的耐阴性不同，甜橙在树冠内也能结果良好，而温州蜜柑多在树冠外围结果，脐橙也要求较多的光照。柑橘的树冠枝叶茂密，容易造成树冠内部光照差，树冠中、下层果实的可溶性固形物含量低，含酸量高，风味品质降低，着色也差。因此，注意树冠整形和修剪，改善树冠内的光照状况是十分重要的。

3. 水分

柑橘是常绿果树，枝叶茂密，年需水量大，要求较多的水分才能满足正常生长、结果的需要。年降水量1/2 ~ 1/3的水分能被土壤贮存以供果树利用。照此推算，年降水量1200 ~ 2000 mm即可满足柑橘生长、结果的需要。降水量充足但降水分布不均匀、出现季节性干旱的地区，必须进行补充灌溉。

生产实践表明，某些柑橘品种如华盛顿脐橙，适应较低的相对湿度，在相对湿度高的地区表现低产。

4. 土壤

柑橘对土壤的适应性较广，最适宜的土壤是土层深厚、结构良好、疏松肥沃、有机质含量高达2% ~ 3%、地下水位在1 m以下的土壤。

柑橘对土壤酸碱度的适应范围因砧木种类不同而有明显差异，枳适应pH值在5 ~ 6.5的酸性土，在高于7.5的土壤上易出现缺素黄化，弱势低产。香橙等砧木有较强的耐碱能力。

二、嫁接繁殖

（一）主要砧木

我国的砧木资源丰富，各地区应用的砧木不尽相同。枳适宜用作宽皮柑橘类、橙类及金柑的砧木，它抗流胶病、脚腐病、根结线虫和速衰病，但对盐碱和裂皮病敏感。枸头橙常作为早熟温州蜜柑及本地早、甜橙的砧木，其耐盐碱和速

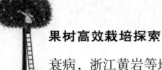

衰病，浙江黄岩等地多用。酸橘在广东、福建、广西、台湾等省区常用作蕉柑、椪柑、甜橙的砧木，其耐盐碱和速衰病。红橘在四川、福建常用作甜橙、柠檬、椪柑、蕉柑的砧木，其较耐裂皮病。红橡檬在广东作蕉柑、椪柑、甜橙的砧木，结果早，寿命短，易患脚腐病。酸柚是柚的共砧。除上述的传统砧木之外，香橙、宜昌橙、酒饼筋及从国外引进的特洛伊枳橙，也是很有希望的砧木，生产上正逐步推广。

（二）实生砧木的培育

1.砧木种子的采集和贮藏

砧木种子应从品种纯正、无检疫性病虫害的树上采取。从成熟的果实中取出种子，在清水中冲洗，去除果渣、果胶后，摊放在阴凉通风处，经常翻动，至种皮发白时即可收集贮藏或播种。枳也可在7月底至8月上旬采嫩子播种。我国多用沙藏法贮藏种子。有的国家常用冷藏法：种子洗净后，在51.5℃温水中摇动，恒温10 min，取出种子用福美双或类似杀菌剂处理，待种皮发白时放入薄膜袋内密封，贮于1.5℃～7.5℃条件下。

2.播种和管理

选择土壤疏松肥沃的平地或缓坡地作苗床，于播前深翻、施肥、碎土，整成1 m宽左右的畦面。在冬季温度较高的地区宜秋播，春播一般在2—3月进行。如在温床温室、塑料大棚育苗，则可提前至12月或翌年1月播种。播种的方法有条播与撒播。播种前将沙藏种子筛去河沙，剔除霉烂变质种子，用55℃～57℃温水处理50 min，或用0.4%的高锰酸钾溶液浸种2 h，再用清水洗净。播种量视砧木而异，枳每亩苗床需枳种子50～62.5 kg。播种后用细土覆盖种子，厚度以1～1.25 cm为宜；上面再盖稻草或松针、薄膜等。播种后视天气情况及时灌水，保持土壤湿润，在幼苗开始出土至大量出土期间，分2～3次揭去覆盖物。出苗后，可施稀释4～5倍的腐熟人畜类尿，每10～15天一次。及时中耕除草，保持土壤疏松，防止积水。夏季或秋季进行砧苗移栽，每亩栽砧苗1.2万～1.5万株。移栽成活后，每月施肥1～2次，春梢生长期可增施0.3%尿素，8月至10月以后停止施肥。注意及时除去砧苗主干20 cm以下的针刺及萌蘗，使嫁接部位皮部光滑。

（三）嫁接及接后管理

嫁接用的接穗应从优良品种的无检疫性病虫害的结果树上剪取。选择树冠中、上部外围的充实春梢、夏梢或早秋梢作接穗。剪下的接穗应立即剪去叶片，留下叶柄，每50～100枝捆成一捆，挂上标签，注明品种和剪取日期。

嫁接方法常用单芽切接和单芽腹接法。单芽切接主要在春季，单芽腹接从3月至10月均可进行。砧木的干径达到0.8 cm以上时即可嫁接，嫁接高度在距地面10～15 cm。

嫁接后10～30天检查成活。芽片新鲜、接芽叶柄一触即落者表明接芽已成活。未成活的应及时补接。苗圃中应注意解膜、剪砧、立支柱、施肥、灌溉、防治病虫害、摘心除萌，以培养壮苗。

第二节　柑橘优质高效生产技术

一、土壤管理技术

土壤由矿物质、有机质、水分、空气和微生物等组成，是柑橘栽培的基础，柑橘植株在生长发育过程中，所需要的氮、磷、钾、钙、镁等养分和水分都是从土壤中摄取的。柑橘是多年生乔本常绿果树，树体较高大，根系分布深、广，养分和水分消耗量大。柑橘果园宜选择沙壤土或壤土，土层深厚，土质疏松肥沃，通透性较强，排水良好，酸碱度中性至微酸性，有机质含量高。一般适宜的土壤总孔隙度50%～60%，容重0.90～1.10，水稳定性团聚体50%～80%；土层深度达到1 m左右，其有效土层不低于0.6 m；有机质含量1.5%～2.5%；地下水位1 m以下。

柑橘产区分别分布在丘陵、山地和坝地，紫色土、红壤、黄壤、河滩等不同立地条件，土壤瘠薄、黏重、通透性差、偏酸或偏碱、肥力不足等状况较多，不能满足柑橘生长发育所需要，因此，果农必须加强柑橘园土壤管理，深松沃土，增施有机肥，深翻压埋各种有机物，种植豆科绿肥，改良与熟化土壤，创造有利于柑橘根系生长发育的水、肥、气、热土壤环境条件，提高土壤肥力和肥料利用率，促进柑橘植株的生长、开花和结果。

柑橘适宜微酸性至中性土壤，在pH值4.5～8.0土壤中均可生长，最适宜的土壤pH值为5.5～6.5。一般红壤、黄壤的pH值是4.0～5.5，紫色土的pH值是6.0～8.5，石灰性土壤的pH值是7～8.5。建园时，果农一般需要用有机肥和调节土壤酸碱度的肥料，进行土壤改良。调节土壤酸碱度的肥料主要包括石灰、石灰石粉、白云石粉、钙镁磷、氧化镁、氢氧化镁、硫黄粉等，有机肥包括饼肥（油枯、花生枯、豆粕）、猪粪、羊粪、牛粪、鸡粪、兔粪、草炭、秸秆、杂草等。

红壤、黄壤为酸性土壤，需要用石灰或钙镁磷升高土壤pH值至6.0左右。建园改土石灰施用量，pH值5.0左右的土壤，施用0.5～1.0 kg/t土壤，如平均土深0.5 m，施石灰200～400 kg；pH值4.0左右的土壤，施用1.0～2.0 kg/t土壤，如平均土深0.5 m，施石灰400～800 kg。建园改土钙镁磷肥施用量（不用石灰），pH值5.0左右的土壤，施用1.0～2.0 kg/t土壤，如平均土深0.5 m，施石灰400～800 kg；pH值4.0左右的土壤，施用2.0～4.0 kg/t土壤，如平均土深0.5 m，施石灰800～1500 kg。已建果园，土壤pH值低于5.5，每亩应施用硅钙肥或石灰60～80 kg，50%秋季施用，50%夏季施用，使强酸性或酸性土壤变为弱酸性或微酸性土壤。在强酸性土壤中，施用熟石灰或生石灰不仅可以中和土壤溶液中的氢离子，而且能中和土壤中潜在的各种酸，以及能使铝离子发生沉淀反应，从而清除其毒害。

紫色土为微酸性至碱性土壤，石灰性土壤为中性或碱性土壤。碱性土壤可采取聚土起垄建园，有利于在降雨或灌溉时起淋洗（洗盐）作用，还可用硫黄粉和有机肥调节碱性至微酸性，改土时每亩土壤施用饼肥500～1000 kg，或腐熟（堆沤时加入3%～5%钙镁磷肥）的人畜粪1000～2000 kg，与土混匀，埋入土层深40～60 cm处。施用酸性化肥和多施有机肥缓解碱性作用。在碱性土壤上宜选用香橙、红橘、枸头橙等耐碱性砧木。

土层浅、土质差、肥力低的果园，须经改土加厚园区土层或定植带（穴）土层，使土层深度达到1 m左右，其有效土层不低于0.6 m，并加入有机质，增加土壤的透水性和透气性。这样才能使根系充分伸展，利用深层土壤的养分和水分，增强树体的抗旱、抗寒能力。一般老果园需要进行深翻扩穴，从树冠外围滴水线处开始，逐年向外扩展40～50 cm，深度40～60 cm，尽量少伤大根。深翻应结合施有机肥，在秋梢停长后至春季发芽前进行为宜，但冬季低温期不宜进行深翻。回填时混以有机肥，表土放在底层，心土放在表层，然后对穴内灌足水分。

柑橘园宜实行生草制，在行间或树盘外间作浅根、矮秆的豆科植物、牧草或绿肥（如黑麦草、三叶草、藿香蓟、紫花苜蓿、光叶紫花苕、紫云英等）。间作作物、草类应与柑橘无同类病虫，忌藤蔓、高秆作物。每年刈割1～2次，在草旺盛生长季节或夏季高温前刈割后覆盖于树盘、行间或翻埋入土壤中。不实行生草栽培的果园每年除草2～3次，在夏、秋季或采果后进行。在冬、夏两季，用麦秆、麦糠、稻草、油菜壳等覆盖树盘，覆盖物应与根颈保持10 cm左右的距离。在秋、冬季进行树盘培土。

二、柑橘营养诊断与缺素症状及矫治技术

（一）柑橘营养诊断

营养诊断有可见症状鉴定、叶片分析、土壤分析、生物化学诊断、微生物测定、同位素测定、植物显微化学诊断等方法。目前以叶片分析为主，配合土壤分析。通过土壤分析、叶片分析及其他辅助诊断技术（叶片和果实缺素症状、果实品质等其他生理生化指标）对植物营养状况进行客观判断，从而指导科学施肥、平衡配方施肥和化肥减施。

柑橘植株在生长发育过程中，需要30多种营养元素，其中16种是必要元素，包括大量营养元素：碳（C）、氢（H）、氧（O）、氮（N）、磷（P）、钾（K）；中量营养元素：钙（Ca）、镁（Mg）、硫（S）；微量营养元素：铁（Fe）、硼（B）、锰（Mn）、铜（Cu）、锌（Zn）、钼（Mo）、氯（Cl）。其中碳（C）、氢（H）、氧（O）来自大气和水。

柑橘营养元素主要来自土壤，土壤酸碱性对养分有效性的影响：pH值＜4时影响土壤磷、钙、镁、钼的有效性，pH值＞8时则影响土壤锌、铁、锰、硼的有效性。通常，酸性土壤易缺磷、钾、钙、镁、钼，碱性土或石灰土易缺锌、铁、锰。有效氮在土壤pH值中性左右有效性最高；有效磷在pH值5.5～6.5时含量最高，pH值＞7.0或＜5.5时，磷与土壤中钙或铁、铝离子结合，形成磷酸钙或磷酸铁、铝沉淀，磷的有效性降低；钾、钙、镁在pH值＞6时有效性增高；硫在酸性条件下通常不足；微量元素铁、锰、锌、铜、硼在酸性土壤多，但钼在酸性条件下有效性低。

柑橘叶片氮、磷、钾、钙、镁、硫含量为叶片干重的0.16% ~ 5.5%，硼、锌、锰、铁、铜、钼0.10 ~ 120 mg/kg。柑橘需要的大量元素和微量元素，其在数量上有多有少，但都是不可缺少的，在生理代谢功能上，相互是不可代替的。各种营养元素在树体内相互影响，相互制约，无论一种元素缺少或过量，都会引起柑橘营养失调。某种元素的增减，往往引起另一种或几种元素的变化，将影响树势、产量和品质。

一般每生产1000 kg柑橘果实，需要施氮（N）8 ~ 16 kg、磷（P_2O_5）4 ~ 6 kg、钾（K_2O）8 ~ 12 kg，N：P_2O_5：K_2O为1：（0.33 ~ 0.50）：（0.66 ~ 1.00）。因不同品种、砧木、树龄、土壤条件、持续产量水平状况、管理水平而有差异。

（二）缺素症状及矫治技术

1.缺氮症状

叶片黄化，严重时大量落叶；枝条变短、变细，枝上叶数减少，小枝枯死，枝条稀疏，树势衰弱；坐果率低，果小，果皮光滑，含酸量降低，成熟期稍提早，产量下降。

缺氮的矫治：土壤施肥，按产果100 kg计，施纯氮0.8 ~ 1.0 kg，少量多次施入；增加土壤有机质；防止土壤积水，做好排水和保持适当的土壤水分；叶面追肥，0.2% ~ 0.3%尿素，周年可用。

2.缺磷症状

新梢和新根生长不良，叶片狭小而无光泽，由暗绿色渐变为淡褐绿色，引起早期落叶，部分枯梢；老叶棕绿色、古铜色，下部老叶暗红色，开花时老叶大量脱落，许多脱落老叶先端或边缘有焦斑；花量少，坐果率低，果实小，畸形果多；果皮厚而粗糙，果肉不充实，后期空心、中心柱裂开，囊瓣分离；果汁少，酸高，糖低；采前落果重，产量低，成熟期延迟。缺磷还影响树体对氮、钾等元素的吸收。

缺磷的矫治：土壤增施磷肥，6—8月土施易吸收，宜与有机肥混合，集中施到根区。磷肥也可加大单次施用量，不必连年土施。叶面施肥，0.3% ~ 0.6%磷酸二氢钾，0.5% ~ 1.0%磷酸铵或过磷酸钙浸提液等，需磷高峰在8—10月，缺磷树7—10月，每月叶喷1次。

3.缺钾症状

叶尖或叶缘发黄、变褐，焦枯似灼烧状，叶片上出现褐色斑点或斑块，但主脉附近仍为绿色；叶片扭曲、卷曲呈杯状，部分叶古铜色或不匀黄化；果实小，着色不良，品质变劣；生长慢，新梢少，产量低。

缺钾的矫治：防止土壤干旱，土壤施钾肥。钾肥与有机肥配合使用，可提高钾的吸收，减少钾流失。钾在黏性红、黄壤上易固定，吸收较慢；土施硫酸钾，使土壤酸化、板结；碱性土壤可用氯化钾、硫酸钾，氯化钾不能连年用。叶面追施钾肥，0.3% ~ 0.6%磷酸二氢钾，或0.3% ~ 0.5%硫酸钾，周年可用。

4.缺钙症状

由叶尖开始黄化，黄化区域沿叶缘向下扩大，严重时叶尖焦枯；叶片变小，叶形变窄，狭长畸形；果小畸形，汁胞皱缩；严重缺钙，还可造成枯枝落叶、落果、烂根。钙过多果实变小，着色不良，成熟延迟。

缺钙的矫治：土壤施用钙或钙镁磷肥，叶片追施高钙肥。

5.缺镁症状

果实附近叶片和老叶首先出现症状，叶片沿中脉两侧褪绿，产生不规则的黄色斑块，逐渐向两侧扩展，仅中脉及其基部保持一块"A"形绿色区。严重缺镁树势衰弱，落叶枯枝，光合作用减弱，隔年结果。镁过多则影响叶片呼吸。

缺镁的矫治：土壤施用钙镁磷肥，40 ~ 50 kg/亩；叶片追施0.1%硫酸镁，春、夏梢期施用。

6.缺硫症状

树势生长衰弱，枝梢丛生；新叶变小，淡黄至黄色，提前脱落，老叶保持绿色；病叶主脉较其他部位稍黄，主脉基部和翼叶更黄，并易脱落。

缺硫的矫治：土壤和叶片施用含硫的肥料，如硫酸锌、硫酸钾、硫酸亚铁等。

7.缺铁症状

新梢黄化，生长衰弱，叶肉淡黄至黄色，仅叶脉绿色，形成极细小的网状花纹，严重时全叶白化而脱落；缺铁严重时嫩叶烧灼、焦枯、落叶，形成枯梢或秃枝；幼果淡黄、落果严重，果皮淡黄色，味淡而不可食。

缺铁的矫治：碱性土壤易出现缺铁黄化症状，要加强土壤改良，施用酸性肥料，增加土壤有机质。叶片追施0.1% ~ 0.2%螯合铁+0.1%硫酸锰+0.1%硫酸锌，春、夏梢期施用。

8.缺硼症状

新叶片出现黄色水浸状斑点；叶片反卷，叶脉增粗、破裂、木栓化；落蕾落果严重，幼果畸形，果面黑褐干斑，果皮增厚、粗糙，果皮白色层及果心有褐色胶状物质，严重时形成"石果"；新芽丛生，顶部生长受到抑制，枯枝多，须根坏死。

缺硼的矫治：花期至幼果期时，叶面喷施0.05% ~ 0.1%硼酸或硼砂，共喷2次，间隔期15天以上。土壤施硼，采用每株10 g硼酸或硼砂，撒施于沿树冠滴水线一带疏松土壤中，半年1次，全年2次。

9.缺锌症状

叶脉间呈现黄色斑驳状，叶窄而小，直立丛生，节间缩短，严重时整个叶片呈淡黄色，甚至白化，逐渐落叶，树冠呈直立矮丛状；果小，果皮光滑，皮厚，汁少，酸与维生素C含量下降。锌过多诱发缺铁，根部出现毒性反应，先端膨大，根变粗而短，生长停止。

缺锌的矫治：增加有机肥改良土壤，每亩施硫酸锌肥1 ~ 1.5 kg。叶片喷施0.1%硫酸锌，春、夏梢期施用。

10.缺锰症状

叶脉间产生淡黄色斑纹，叶脉及附近叶肉暗绿色，严重时则变为褐色，引起落叶，果皮色淡发黄，果实变软。

缺锰的矫治：土壤施用有机质或硫黄，或硫酸锰1 ~ 2 kg/亩。叶面施肥，0.1% ~ 0.3%硫酸锰，春、夏梢期施用。

11.缺铜症状

嫩枝弯曲呈"S"形，叶片比正常叶大而呈深绿色，叶面凹凸不平，主脉扭曲，叶形不规则，严重时叶和枝先端枯死；枝梢树皮和幼果皮、中心柱上有褐色胶粒疱状物，雨季流胶；幼果易裂果而脱落，皮厚而果汁味淡。铜过多抑制铁的吸收，出现缺铁失绿黄化症状，大量落叶，小枝枯死，细根肿大，停止生长。

缺铜的矫治：叶面喷施0.05%硫酸铜溶液。土壤施用是在沿树冠滴水线一带疏松土壤中，每株施硫酸铜10 g，先用5 ~ 10倍同等大小的细沙或细土拌匀后撒施，半年1次，全年2次。在pH值为5 ~ 7的土壤中施用效果好，在pH值≥7.5的土壤中施用效果差或基本无效。

12.缺钼症状

老枝中下部叶面出现淡橙黄色长圆形黄斑，叶背面现棕褐色，即"黄斑病"，病叶向正面卷曲呈杯状或筒状，叶尖及叶缘两边枯焦，嫩叶变薄、内卷。

缺钼的矫治：强酸性土壤中钼与铁、铝结合成钼酸铁和钼酸铝而被固定，不能被吸收；土壤中磷不足或硫酸过多，钼不易被吸收。叶面喷施0.05%钼酸铵，花期或秋梢期施用，同时增施有机肥改良土壤，也可矫治缺钼。

三、水分管理技术

柑橘的正常生理活动是在水分供应充足的条件下进行的，缺少水分生长发育就不能正常进行，影响生长和产量。土壤水分过多会造成根系腐烂，甚至导致死亡。所以水分和养分一样，是获得柑橘优质高产的关键。降水量的季节分配和地区分布的不均匀，影响土壤的水分状况，因此，除搞好水土保持外，及时排灌也是解决水分供应的主要措施。

水分和养分一样，都是柑橘生长发育最重要、最基本的条件。植株萌芽抽梢期，土壤缺水，萌芽和抽梢的时间大大推迟，抽出的枝梢纤弱短小，叶片狭小，叶数较少，抽发参差不齐，水分过多又会促使枝梢生长过旺，影响生殖生长。花期缺水，花质差，开花不整齐，花期延长，甚至造成大量落蕾落花。伏旱时间过长，往往导致发生秋花，耗费养分，影响翌年的花芽分化。结果期，当水分严重不足时，造成叶果争夺水分的现象，使果实内的水分倒流向叶片，阻碍果实的生长，使小果显著增多，产量下降，品质变劣。如果在大旱后遇过多的秋雨，则会产生裂果。夏季和初秋，气温高，日照强，缺水时果实易产生"日灼""硬脐"和"僵果"，以幼树最为严重。在生长季节发生严重干旱则根系停止生长，特别是须根的生发。但当土壤水分过多或地下水位过高时，由于土壤通气不良，根部呼吸困难，影响根系对水分和矿质营养的吸收。严重时，造成根部进行无氧呼吸，形成大量酒精、硫化氢等有毒有害物质，造成根系腐烂，甚至整株死亡。冬季柑橘进入半休眠期，如果缺乏水分，土壤过分干燥，就会加大土温的变化，在遇到低温寒潮时，易发生冻害。

柑橘根系对水分的吸收一方面取决于根系自身的生长状况，另一方面又受土壤状况的影响，凡是影响根部生长的环境条件都会影响根系对水分的吸收。其中以土温和水温的影响较大。土壤温度在10℃以下或30℃以上时，根系的吸水作用就大大降低。温度变化的速度对根系吸水也有影响，一般来说，急剧降温对吸水的影响要比逐渐降温大得多。因此，果农要尽量避免在温度较高的中午给果园灌水，否则会急剧减少根系对水分的吸收，使树体失去水分平衡，导致萎蔫。土壤中二氧化碳过多和氧气缺乏都能影响根系的吸水，过多的二氧化碳往往产生毒害作用，使根系吸水能力降低30% ~ 50%，甚至更加严重。

柑橘栽培区要求年降雨量1000 ~ 1500 mm，根系活动期适宜的田间持水量为60% ~ 80%。当土壤含水量低于田间持水量的45%以下时，柑橘树就会出现萎蔫现象，生长势很差，因此，柑橘生长的土壤含水率不得低于此下限值。

果园的灌水量受不同的品种、砧木需水量的影响，同时又与地势、土壤、气候条件密切相关。幼树宜少量多次灌水，成年树每株每次灌水200 ~ 250 kg即可，但总的要求应以达到水分浸透根系分布层为度，如果灌水太少，土壤很快干燥，收不到灌溉的效果。灌水太多，会使土壤板结，通气不良，对根系生长不利，同时也易造成肥料流失。

柑橘灌水技术：

第一，冬春干旱严重，及时灌水，确保春梢萌发生长和开花结果。

第二，春季萌芽——春芽萌动前至3月中旬，抽梢期和初花之前，视其土壤干旱程度适当补充水分。对花量大、营养枝少的品种和植株，须大量灌水；对春梢营养枝抽梢量大的品种和植株，适当控制灌水，有利于控梢保果。晚熟柑橘采果后至开花初期，结合施春梢肥，须进行2次灌水。

第三，初花和盛花期避免大量灌水，否则会导致花期延长，造成大量落蕾落花，甚至加剧花后的生理落果。如前期土壤湿度较好，花期遇干旱，可进行树冠喷雾保湿；如前期土壤缺水严重，花期又遇干旱，可在夜间或清晨少量灌水，以不致引起土壤温度的剧烈变化为宜，但应防止大量猛灌水导致落花落果。

第四，花期和幼果期雨水较多，注意开沟排水，可防止落花落果。

第五，在生理落果期、果实膨大期及夏季高温干旱时及时灌水，保持一定的土壤湿度，可防止裂果和落果。

第六，秋季及多雨期，开沟排水，促进花芽分化。

第七，采前适当控水，有利于提高果实糖度。

灌溉方式可采取滴灌、树盘灌溉、沟灌、喷灌等。干旱地区及丘陵区可采用穴贮肥水灌溉。

排水：设置排水系统并及时清淤，多雨季节或果园积水时通过沟渠及时排水。

参考文献

[1]杨国顺，成智涛.落叶果树栽培技术[M].长沙：湖南科学技术出版社，2020.

[2]李先信.常绿果树栽培技术[M].长沙：湖南科学技术出版社，2020.

[3]耿金川，金铁娟.冀东北地区果树栽培实用技术[M].石家庄：河北科学技术
出版社，2020.

[4]龙兴桂，冯殿齐，苑兆和.中国现代果树栽培：上[M].北京：中国农业出版
社，2020.

[5]高伟.图解果树栽培与修剪关键技术[M].北京：机械工业出版社，2020.

[6]姚欢.南方果树栽培与病虫害防治技术[M].北京：中国农业科学技术出版社，
2020.

[7]高照全.开心形苹果树栽培管理技术[M].2版.北京：化学工业出版社，2020.

[8]周常勇.中国果树科学与实践柑橘[M].西安：陕西科学技术出版社，2020.

[9]胡远涛，康光海，杨明富.图说苹果丰产优质栽培技术[M].成都：西南交通
大学出版社，2020.

[10]范永强.现代桃树栽培[M].济南：山东科学技术出版社，2020.

[11]刘慧纯.果树栽培实用新技术[M].北京：化学工业出版社，2021.

[12]张永福.特种果树种质资源与栽培技术[M].昆明：云南人民出版社，2021.

[13]杨学虎.云南高原特色果树优质栽培技术[M].北京：中国农业出版社，2021.

[14]高文胜，李林光.全图解果树整形修剪与栽培管理大全[M].北京：中国农业
出版社，2021.

[15]张永福.第三代新型果树八月瓜优质高产栽培技术[M].昆明：云南人民出版
社，2021.

[16]吴兴恩，洪明伟，邵建辉.中国工程院科技扶贫职业教育系列丛书：热区特
色果树实用栽培技术[M].北京：中国农业出版社，2021.

[17]潘天春，罗强.攀西野生果树[M].成都：四川大学出版社，2021.

[18]肖顺，张绍升.作物小诊所：南方果树病虫害速诊快治[M].福州：福建科学技术出版社，2021.

[19]赵杰，顾燕飞.桃树栽培与病虫害防治[M].上海：上海科学技术出版社，2021.

[20]邱强，蔡明段，罗禄怡.柑橘病虫害诊断与防控原色图谱[M].郑州：河南科学技术出版社，2021.

[21]杨焕昱.果树高质高效栽培技术[M].兰州：甘肃科学技术出版社，2022.

[22]张彦玲，王欣，张伟锋.乡村人才振兴培训系列教材：北方果树栽培与病虫害防治实用技术[M].北京：中国农业科学技术出版社，2022.

[23]王国全，孙薇薇，张振辉.设施果树实用高效栽培技术[M].赤峰：内蒙古科学技术出版社，2022.

[24]尚子焕，路明明，柳蕴芬.果树高质高效栽培与病虫害绿色防控[M].北京：中国农业科学技术出版社，2022.

[25]张奂，吴建军，范鹏飞.农业栽培技术与病虫害防治[M].汕头：汕头大学出版社，2022.

[26]周娜娜，王刚.热带果树栽培技术[M].北京：中国农业出版社，2023.

[27]刘兴松，张培培，李俊.果树栽培与绿色防控技术[M].北京：中国农业科学技术出版社，2023.

[28]李鸿筠，李家鹏，冯社芳.果树栽培实用技术与病虫防治探究[M].长春：吉林科学技术出版社，2023.

[29]李鲁涛，张伟锋，许晓东.果树高效栽培与病虫害绿色防控[M].天津：天津科学技术出版社，2023.

[30]张爽，潘伟.果树生产与管理[M].北京：中国农业大学出版社，2023.